21세기 도전하는 사육양식 지침서

흑염소 · 염소

건대 축산대 교수 이원창 지음

오성출판사

/머/리/말

"인간이나 동물이 그 생명을 연장하는데는 먹는데 있다."는 말은 동서고금을 통해서 불멸의 진리이며 건강장수는 만인이 희구하여 맞이 않는 일이다.

근대과학의 급격한 진보는 이 불멸의 진리를 모든 사람의 희구를 전면적으로 충족시켰느냐 하면 결코 그러지만은 않다. 오히려 그 반대인 면이 많은 것이 사실이다.

요즘 숱한 뜻있는 사람들이 자연식을 제창하며 실천하고 있는 것이 그 표현이라 생각한다.

그러나 최근 사회기구의 발전은 대량생산되는 우유가 농어촌의 벽지로까지 배달되거나 이른바 영양식품이 도처에서 왕성히 판매되기 때문인지 우리 나라 염소사육수는 감소의 경향을 더듬어 왔다.

극히 최근에 이르러 이 최고급이라고도 할 수 있는 자연 영양식품인 염소고기와 젖의 진가가 재인식되었다는 것과 우리 나라 도처에서 사육이 가능할 뿐더러 그 사양관리도 용이하여 부녀자나 노인이라도 충분히 가능하고 농가에 적합한 가축이라는 것이 인정되었음인지 염소의 사육희망자가 늘어나고 있는 형편이다.

이 책은 이러한 추세에 호응하여 가장 새로운 기술을 보급하려는 뜻으로 펴내는 것이다. 아무쪼록 염소사육에 뜻을 가진 여러분의 좋은 지침서가 되어 보다 높은 수익을 올리게 되기를 기원하는 바이다.

지은이 이원창

/ 차 / 례 /

제1장 총 론 ·· 21

  1. 흑염소의 특성과 사양의 변천 ································ 21

  2. 염소사양의 권장 ··· 22

  3. 염소의 내력 ··· 23

  4. 염소의 습성 ··· 26

  5. 염소의 반추위(反芻胃) ······································ 27

제2장 품 종 ·· 29

  1. 유용종 ·· 29

  (1) 자아넨종 ·· 29

  (2) 브리티쉬 자아넨종 ·· 31

  (3) 일본 자아넨종 ·· 31

  (4) 누비아종 ·· 32

  (5) 톡켄부르크종 ··· 32

  (6) 알파인종 ·· 33

  (7) 부리티쉬 알파인종 ·· 34

  2. 기타 품종 ·· 34

  (1) 그라나다종 ·· 34

  (2) 압펜체르종 ·· 34

  (3) 마르타종 ·· 35

  (4) 모용염소, 앙골라 ··· 35

  (5) 래리이종 ·· 36

  (6) 카시미어종 ·· 36

  (7) 한국재래종 ·· 36

  (8) 몽고양(중국종) ··· 37

제3장 염소의 감정과 선택 ···················· 38

1. 좋은 염소의 기준 ···························· 38
2. 염소의 연령 감정법 ························· 40
3. 임신의 감정 ································· 42
4. 양성(兩性)과 무정(無情)의 감정 ··········· 43
5. 부유두에 대하여 ··························· 45
6. 염소의 선택 ································· 45

제4장 염소의 사양관리 ························· 59

1. 새끼염소 기르기 ··························· 61
2. 중염소 기르기 ···························· 67
3. 임신 염소 기르기 ························· 73
4. 착유 염소 기르기 ························· 74
5. 건유기의 기르기 ························· 75
6. 씨염소 기르기 ···························· 76
7. 개체의 관리 ····························· 79
8. 특수관리 ································· 81
9. 나쁜 버릇을 고치는 법 ··················· 87

제5장 염소사의 시설 ··························· 89

1. 염소 축사 ································· 91
2. 염소사의 내부시설 ······················ 100
3. 기타의 기구 ····························· 103

제6장 염소의 사료 ···························· 106

1. 염소사료에 대한 지식 ···················· 106
2. 염소의 영양과 소화기관 ·················· 108
3. 사료의 성분 ····························· 112
4. 사료의 계산법과 표준 ···················· 122
5. 사료의 조리 ····························· 125
6. 사료의 배합 ····························· 126

   7. 사료를 주는 법 ……………………………………… 128

   8. 사료의 영양가치와 청초의 채취시기 ……………… 128

   9. 사료의 종류 …………………………………………… 133

   10. 각종 사료의 특성 …………………………………… 164

   11. 초지의 개량 ………………………………………… 173

   12. 목초와 사료작물의 재배 …………………………… 178

   13. 사료의 저장 ………………………………………… 181

제7장 번　식 ……………………………………………… 185

   1. 생식생리와 연령 …………………………………… 185

   2. 발정과 발정주기 …………………………………… 189

   3. 교　배 ………………………………………………… 191

   4. 근친교배와 잡종교배 ……………………………… 196

   5. 임　신 ………………………………………………… 198

   6. 분　만 ………………………………………………… 202

제8장 젖 짜 기 ………………………………………… 211

   1. 비유의 생리 ………………………………………… 211

   2. 비유능력 ……………………………………………… 213

   3. 젖 짜는 법 …………………………………………… 217

   4. 젖의 처리 …………………………………………… 222

제9장 질병의 예방과 치료 …………………………… 224

   1. 예　방 ………………………………………………… 226

   2. 진　단 ………………………………………………… 226

   3. 허리마비 ……………………………………………… 229

   4. 일사병·열사병 ……………………………………… 234

   5. 고창증 ………………………………………………… 235

   6. 위카타르 ……………………………………………… 236

   7. 장카타르 ……………………………………………… 236

   8. 위충병 ………………………………………………… 237

9. 복막염 ·· 237

10. 설 사 ·· 238

11. 변 비 ·· 239

12. 식 체 ·· 239

13. 중 독 ·· 240

14. 식모증 ·· 241

15. 구내염 ·· 242

16. 감기 · 폐렴 ·· 242

17. 유산 · 조산 ·· 243

18. 후산정체 ·· 243

19. 유열(산욕마비) ·· 244

20. 유방염 ·· 244

21. 산욕열 ·· 245

22. 요석증 ·· 246

23. 각막염 ·· 247

24. 골연증 · 꼽추병 ·· 247

25. 외상 · 절름발이 ·· 248

26. 불임증 ·· 248

27. 기생충병 ·· 249

28. 근경변증 ·· 250

29. 대사장해(케토시스) ·· 252

30. 약을 먹이는 법 ·· 253

제10장 생산물의 이용 ·· 254

1. 염 소 젖 ·· 254

2. 염소고기 ·· 261

3. 모피와 털 ·· 265

제1장 총 론

1. 흑염소의 특성과 사양의 변천

흑염소는 소과(牛科)의 양아과(羊亞科)에 속한다. 면양(緬羊)과 비슷하지만 턱수염이 있고 성질이 활발·민첩하며 젖과 고기를 이용하는 점이 다르다. 반추(되새김) 동물로서 발굽은 짝수이다. 뿔은 속이 비고 꾸부정한데 뿔이 없는 것은 그 자리에 골류(骨瘤)가 있다. 체질이 강하여 병이 없으며 독초를 제외한 모든 풀과 나뭇잎을 먹는다. 가을부터 겨울에 걸쳐 암컷은 3주일마다 성주기(性周期)가 온다. 1회에 보통 1~2마리의 새끼를 낳는다.

젖의 영양가는 우유에 비해 지방·회분이 다소 많고 단백질과 당분은 적으며 소화가 잘 된다. 고기는 쇠고기와 같으나 약간 노린내가 난다.

그러나 고기는 식용으로 또는 보신용으로도 쓰이며, 가죽은 물이나 술을 담는 주머니로 쓰이기도 한다. 또 털은 옷의 원료로 사용되며, 그리고 염소의 젖은 귀중한 영양음료로 제공되어 오랫동안 인류를 위해 이용됨으로써 가축으로의 가치를 다 하고 있다. 이와 같은 염소의 역할은 장래에 있어서도 변함이 없을 것이다. 염소의 사양분포의 범위는 넓어서 스칸디나비아반도의 북극 한지(寒地)에서 부터 남쪽은 아프리카의 열대지방까지 이르고 있다.

우리 나라에 있어서는 예로부터 어린 염소를 약용으로 이용하는 것이 대종을 이루어 왔으며 지금도 염소탕으로 해서 영양분의 풍부한 공급원으로 각광을 받고 있는데도 변함이 없다.

산야초, 농가찌꺼기 등의 이용에 의한 자급영양원과 정조(情操)를 함양하는 젖짜는 염소는 역시 농어촌에서 빠뜨릴 수 없는 가축이라 할 수가 있다.

2. 염소사양의 권장

염소는 닭과 같이 자급자족이라는 사고방식으로 농가에서 비교적 수월하게 사양하는데는 가장 적합한 가축이라 하겠다. 어떻게 하면 용이하게 이상적인 영양을 적당히 섭취하여 건강을 증진할 것인가 하는 관점에서 축산물을 생각할 때 우선 닭과 염소를 들 수 있겠다. 적은 비용으로 많은 시간을 들이지 않고 남녀노소가 언제든지 용이하게 사양할 수가 있고 더구나 적정량의 젖을 얻을 수가 있으므로 농가에 염소 사양을 권장할 수 있는 이유가 여기에 있다. 구체적인 권장이유는 다음과 같다.

① 염소는 매우 강건한 가축이라서 병에 걸리는 일이 적고 사양관리, 착유 등이 간단하여 부인, 어린이, 노인도 용이하게 사양할 수 있다.

② 염소의 젖은 자양분이 매우 많을 뿐더러 소화가 아주 잘 된다. 또 결핵균의 염려가 거의 없고 향기가 있으며 맛이 있다. 따라서 건강인의 보건과 체위향상을 위해서는 물론, 젖먹는 유아나 유모, 병약자 노인등의 모든 사람에게 알맞는 이상적인 영양식품이다.

③ 성질이 온순하면서도 매우 밝고 거동이 활발하여 익살스러운데가 있다. 청결과 건조를 좋아하며 용모가 우아하고 고상하다. 그러므로 한번 사양하면 가족의 귀염둥이로 되고 애완용으로 된다.

④ 기후풍토에 대한 적응성이 강하여 우리나라 전역에서 널리 사양할 수가 있다.

⑤ 사료는 산야나 밭두둑, 마당의 풀류, 나뭇잎, 새싹, 짚, 종실류(種實類), 채소부스러기, 농산제조부산물 등 언제 어디서나 용이하게 얻을 수 있는 것이다.

⑥ 염소의 구입이나 염소사육사에도 많은 비용을 필요로 하지 않아서 각 농가에서 용이하게 기를 수가 있다. 분뇨는 비료가치가 높고 분해도 빠르므로 채소, 과수, 화훼류에 알맞는 비료이다.

이밖에 염소젖을 사용하여 병아리를 기르거나 성계의 산란능력을 높이거나 할 수가 있다. 또 명금류(鳴禽類)의 울음소리를 좋게 하기 위해서거나 강아지의 육성 또는 치어 양성등의 어느것이나 좋은 성적을 나타내어 염소젖의 이용범위는 매우 넓다. 그래서 염소는 일시적으로 유행하는 가축이 아니라 농가의 영구적인 가축이라는 것은 염소를 사육하는 선진국의 역사에서 보아도 분명한 일이다.

위와 같이 염소사양의 효능을 기술한다면 한량이 없을 정도이다. '신이 인간에게 부여한 작물은 옥수수와 감자이다' 라고 어떤 철인이 말하였다. 그 이유는 이 작물은 아무리 추운 지방의 땅이든 메마른 땅이든, 또는 어떠한 비옥한 땅에서도 생육하기 때문이다. 같은 의미로 염소만은 신이 인간에게 부여한 가축이라 하지 않을 수가 없다.

이와 같은 이유에서 여러 외국에서는 예로부터 많은 염소를 길러 일반국민이 그 젖을 애용하여 왔으므로 염소는 '빈민의 젖소' 라든가, '유아의 유모' 라고 일컬어져 왔던 것이다.

3. 염소의 내력

단정하고 익살스러운 애교물이면서도 세침하고 말쑥한 선인연(仙人然)한 염소, 산에 숨어 조용한 생활을 보내고 있는 성자를 연상케 하는 듯한 맑고 깨끗한 눈을 가지고 있는 염소, 그런가 하면 다소 사람을 바보취급을 하는 듯한 행동을 하는 좀체로 얕볼 수 없는 귀공자연한 염소는 대체 원산지는 어디일까. 그리고 어디에서 가축화 되었을까. 앞에서 간단히 언급하긴 하였지만 몇 천년이나 경과 하였다고 하는데도 어느 곳인가 야생의 성질이 남아 있는 염소의 유래도 대충은 알아 둘 필요가 있을 것이다.

어떤 학자는 그의 저서에서 '면양은 인간에게 길러지게 된 뒤부터 그 야생의 성질을 전혀 잃은 의지가 없는 맹종적인 동물로 바뀌어 버린데 대하여 염소는 그 오랫동안의 가축상태에도 불구하고 아직도 그 야생 그대로의 성질을 잃지 않는 것이다. 그리고 면양은 가축화의 결과 비교적 평지에 익숙하여진데 대해 염소는 지금도 산악지방을 고수하고 있다. 목장에서 길러지고 있을 경우에도 면양은 얌전히 평지의 풀을 먹고 있으나 염소는 이에 만족하지 않고 오히려 거기에서 떨어진 곳에 있는 돌멩이가 많은 언덕이나 험준한 바위의 경사면을 아무런 어려움도 없이 기어올라 바위틈에 나있는 관목의 가지잎이나 반쯤 마른 잔디를 골라 먹고 있다. 혹은 깊은 골짜기 위로 튀어나온, 겨우 발을 밟을 장소 밖에 없는 바위각 위에 태연히 서서 주위를 둘러 보거나 하는 것은 염소에게 있어서는 아무것도 아니다' 라고 쓰고 있다.

정말 그대로이다.

그런데 이 염소는 언제 어디서 가축화된 것일까. 가장 오랜 고향은 아시아로서 제 3기의 중신세에 당시 지중해가 육지로 이어진 것을 이용하여 알프스지방이나 스페인까지 분포된 것이라 일컬어지고 있다. 그 당시 유목민족에 의해 최초의 유수로 되어 오늘날에도 유목민은 염소에서 젖을 얻고 면양에서 지방, 고기, 모피의 공급을 받고 있는 것이다.

인류도 가장 오랜 관계를 가지고 나타나고 있는 것은 전 아시아이다. 서기전 3000년경에 모소포타이마(Mesopotamia)의 비옥한 토지에 정착하여 농경생활을 영위하며 세계 최고의 문화도시 우르(Ur)를 건설한 스메리아

인이 염소를 기르고 있었다고 고고학자에 의해 일컬어지고 있다.

이와 같이 옛날로는 이스라엘의 유목민이나 앗시리아(Assyria)의 호전적 방랑민족에서부터 서아시아의 유목민에 이르기까지 인간의 이 생활형태와 염소와는 오랜 동안의 역사를 통하여 불변적인 관계를 계속 가져 왔던 것이다.

염소의 선조는 2종류 있다고 한다.

'페르시아염소' - 영양(羚羊)염소와 '마르크르염소' - 염각(捻角)염소로서 전자는 페르시아, 소아시아, 중앙아시아, 아프가니스탄, 페르티스탄 등의 산악지방에 현존하고 있으며 옛날에는 그리이스 및 지중해의 섬이나 아프리카의 북쪽까지 분포하고 있었다고 한다. 암수 모두 뿔이 있다. 뿔은 활 모양으로 뒤로 꾸부러지고 털색은 황갈색이라서 현재의 순양종(馴瀁種)과 흡사하다고 하며 유럽 염소의 원종이라 인정되고 있는 품종이다.

마르코르염소는 히말라야산 서부, 북부아프가니스탄지방의 산지에 서식하고 있다. 뿔은 나선형으로 꼬여지고 일반적으로 장모(長毛)·갈색으로서 특히 어깨·목 근처의 털은 길게 뻗어 물결 모양으로 오그라져 있다. 카시미아염소(毛用種)는 이 품종의 계통이라고 한다.

전술한 2종이 교배하여 여러가지 잡종을 낳아 마침내 오늘날의 많은 품종을 형성한 것으로 보고 있다.

염소를 왕성히 사양하고 있는 나라는 독일, 이탈리아, 스위스, 오스트리아, 영국, 프랑스, 스페인, 그리이스, 인도 등으로서 그중에서도 우수한 유용(乳用) 염소의 본고장으로서 가장 유명한 것은 스위스이다. 유명한 자아넨(독 Saanen)종이나 톡켄브로크종도 이 나라에서 개량 교정된 것이다.

또 영국에서는 자아넨종과 영국 재래종을 교배하여 부리티쉬자아넨종을, 또 톡켄브르크종과 재래종을 교배하여 부리티쉬톡켄브르크종을 만들어내는 등, 염소의 개량에 장족의 진보를 보였다. 또 이들 품종은 유량(乳量)이 많은 것으로 유명하다.

우리나라의 재래종은 중국에서 일찍 들어와서 일본에까지 번식 보급되었다고 하나 확실한 연대는 알려지지 않고 있다.

4. 염소의 습성

염소의 습성을 알고 애정을 가지고 합리적 사양관리를 하는 것이 중요하다. 앞에서도 기술한 바와 같이 산악지대에 서식하고 있던 동물로서 가축화되고서부터 이미 수천년을 지나고 있으나 아직 야생시대의 성질을 잃고 있지가 않다. 특히 극한(極寒), 혹서(酷暑)의 어느 지방에서도 잘 자라 병에 걸리는 일이 별로 없이 기후풍토에 대한 적응성이 강한 강건한 체질의 가축이다. 또 항상 건조와 청결을 좋아하며 불결, 습윤, 음침한 땅은 좋아하지 않는다.

공복(空腹)일 때에조차 불결한 것이거나 부패한 것, 악취가 있는 것, 밟아 놓은 풀류, 사람의 타액(唾液)이 묻은 사료 등은 쉽사리 먹지 않는 습성이 있다. 또 평탄지 보다도 울퉁불퉁한 땅이라든가 암석이 많은 구릉이나 산악지대를 좋아하며 고지고대(高地高臺)에 즐겨 오르는 습성이 있다.

산야를 뛰어다니며 나무싹·잎·껍질, 풀류를 즐겨 먹고 부드러운 풀류보다도 오히려 섬유가 딱딱한 것을 좋아한다. 낮은 관목의 새싹이나 잎은 가장 기호에 적합한 것이다.

성질은 온순하고 영리하며 명랑쾌활하여 무리짓기를 좋아한다. 특히 새끼염소나 젊은 염소는 쾌주(快走)하며 뛰노는 것이다. 그러나 수컷은 용장(勇壯)한 기질의 소유자로서 번식기에는 거칠어지는 수도 있다. 평소에는 암컷과 마찬가지로 온순영리하고 쾌활하다.

염소의 몸 크기는 보통 태어났을 때는 체중 2kg에서 5kg, 키는 24cm에서 42cm정도이다. 다 큰 염소는 암컷은 키가 60cm에서 80cm, 체중은 50kg에서 60 kg정도이다. 수컷은 키가 73cm에서 1m, 체중은 70kg에서 90kg 정도이다. 물론 품종에 따라서 차이는 있다.

털색은 흑색, 백색, 갈색, 회색 등 품종에 따라 여러가지가 있으나 털은 어느 것이나 거칠고 피부는 두껍다. 같은 품종이라도 긴 털의 것과 짧은 털의 것이 있다. 턱에 긴 털이 있고 같은 품종이라도 육령(肉鈴)이 있는 것과 없는 것이 있다.

안면은 수직이고 꼬리는 짧아 대략 수평으로 붙어 있다. 같은 품종이라도 유각(有角)과 무각(無角)이 있다. 불은 상후방을 향해 낫 모양으로 뻗어 나고 있다. 본래는 유각이었으나 근년 무각으로 개량되어 오고 있다. 따라서 무각의 어미에서 유각의 새끼가 태어나거나 유각의 어미가 무각의 새끼를 낳거나 하는 수도 있다. 무각은 유전상 아직 고정되어 있지 않기 때문이다.

암수 모두 체취(體臭)가 강하며 특히 번식기에는 강렬한 이취(異臭)를 발산한다. 수명은 암수 모두 보통 15세 혹은 그 이상을 유지하는 것이다.

5. 염소의 반추위(反芻胃)

염소는 소와 마찬가지로 반추동물이므로 위는 1개가 아니라 4실로 되어 있어 식물을 반추 즉 되새김한다. 제 1위, 제 2위, 제 3위, 제 4위 4개의 위를 가지고 있다.

제 1위는 가장 크며 다량의 식물을 일시 저장하는 작용을 한다. 내벽에는 많은 혹 모양의 융기가 있어 다량의 수분을 분비한다.

제 2위는 제 1위의 옆에 있다. 내벽을 벌집 모양의 주름이 있어 제 1위에서 보내어지는 식물은 이 속에서 잘 문질러져 수분과 타액이 섞이어 부드러워진다.

제 3위와 제 4위는 내벽에 세로로 달린 벌브 모양의 주름과 융모가 있어 위액을 분비하여 식물의 소화를 한다.

제 4위는 단위(單胃) 동물의 보통의 위에 해당하는 것이다.

식물은 우선 거칠게 씹혀져 삼킨 후에 제 1위에 저장된다. 여기서

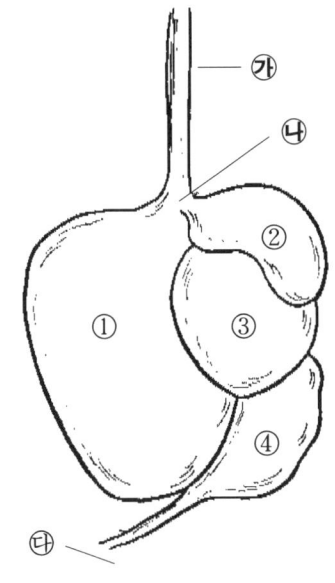

① 제1위 ② 제2위 ③ 제3위
④ 제4위 ㉮ 식도 ㉯ 입구 ㉰ 장
제4도 염소의 위

충분히 적시어진 후 조금씩 제 2위로 보내어져 위벽의 작용에 의해 작은 식괴(食塊)로 만들어진다.

이 식괴 즉 식물의 덩이는 횡경막과 식도벽 근육의 반전운동에 의해 재차 입안으로 되돌아와 충분히 되새김한 후 재차 삼켜지는데 이때에는 제1위에 들어가지 않고 그 윗 가장자리의 주름을 통하여 즉시 제 3위에 들어간다. 이것은 제 2위의 윗부분에 있는 판상막(瓣狀膜)의 작용에 의하는 것이다. 이어서 제 4위로 옮겨져 소화된 후에 장에 보내어진다.

소, 면양, 사슴, 염소(산양)와 같은 초식반추동물은 육식 맹수의 눈을 속여서 황급히 다량의 식물을 섭취하고 안전한 곳으로 도망간 후 그것을 다시 입으로 되돌려서 조용히 씹을 필요가 있어 반추 즉 되새김이 발달한 것이다.

제2장 품종

염소는 기후에 대한 적응성이 강하여 어디서나 기를 수있다. 염소의 품종은 문명이 낮은 지방에서 사육되어 온 관계로 자연환경에 의지하여 품종이 분화가 심하여 현재 많은 품종이 있다.

보통 용도별로 구분할 때는 유용종, 모피용종, 육용종, 겸용종으로 구분하고 있으나 유용종이 많이 발전되어 있고 기타는 극소한 세계적 추세이나 우리나라의 경우는 육용종으로 쓰는 흑염소가 더욱 번창한 것이 특색이라 하겠다.

I. 유용종(乳用種)

(1) 자아넨종

유용종 중에서는 유명한 품종으로 스위스 베른지방의 자아넨촌이 원산지이다.

비유량(泌乳量) 또한 유용종 중에서는 가장 많아 우수한 것은 최성기에는 1일 4~6kg, 1 비유기 1100kg 정도의 것도 드물지가 않다.

털은 순백 또는 크림색을 띤 백색이며 광택이 있는 단모(短毛)가 몸에 잘 붙어 있다. 피부색은 담도색(淡桃色)의 것, 또는 그 중간색의 것이 있다. 암수 모두 턱수염이 있는데 수컷에 특히 많고 길다.

머리는 중형(中型)으로 앞이마가 넓고 비구부(鼻口部)는 튼튼하고 선명한 담도색 또는 담주황색을 띠고 있다. 눈은 황색, 눈썹은 백색, 귀는 아름답고 길게 비스듬히 서 있다. 개중에는 수평으로 붙어 있는 것도 있다. 발굽은 황색이다.

암컷은 동체가 뻗어서 길고 가슴은 넓고 깊다. 등은 수평으로 십자부의 폭이 넓다. 요각(腰角)에서 둔부(臀部)가 후방으로 경사지고 있다. 4지(四肢)는 튼튼하고 길며 체고 68~78cm, 체중은 50~65kg으로 성장한다. 유방은 길죽한 원형으로 복부에 부착한다. 젖꼭지는 중등 크기로서 바깥쪽으로 비스듬히 향하고 있는 것이 이상적이다. 또 체형은 측면에서 보든 위에서 보든 유용동물 특유의 장삼각형(쐐기형)을 하고 있는 것이 이상형이다.

제5도 외국의 자아넨종(암)

수컷은 가슴의 발달이 좋고 4지가 튼튼하며 키는 80~87cm 정도, 체중 70~90kg으로서 사육사 사양에 적합하며 조숙성이다.

그런데 같은 자아넨종 중에서도 여러가지가 있어 브리티쉬 자아넨종, 아메리칸 자아넨종, 화이트 자아넨 인프루우브종, 소련의 인프루브드노오스 러시안종, 일본 자아넨종 등이 있으며 원산지 주변의 오스트리아, 캐나다, 인도, 남미제국에서도 많이 사용되고 있다.

이렇게 여러 곳에서 사육되는 것은 지역에 따른 적응성이 강하며 축사에서 거두어 기르기가 가능하고 농후 사료의 효율이 높고 유량이 풍부하며 영양적 가치가 높기 때문이다.

(2) 브리티쉬 자아넨종

영국의 재래종인 브리티쉬에 자아넨종을 교배하여 개량한 품종으로 흰털을 가진 개량종이다. 순종보다 몸집이 크고 비유능력이 보다 향상된 것이다. 처음에는 이것을 개량 자아넨종이라 명명했으나 1925년부터 영국의 염소(산양)협회에서 브리티쉬 자아넨종이라고 등록하였다.

이 품종은 성질이 우수하여 유럽 각국에 수출되어 그 명성을 떨쳤으며 일본을 거쳐 우리나라에도 들어왔다.

체형은 자아넨종과 거의 비슷하나 특히 몸집이 크고 뒷몸이 잘 발달하였다. 영국에서는 현재 비유능력이 가장 높으며 우수한 것은 일련의 유기가 365일이나 된다.

비유량은 2,600kg으로 하루 평균 8kg이나 생산되는 것도 있다.

(3) 일본 자아넨종

육용의 일본 재래종에 자아넨 수컷이나 암컷을 여러 대에 걸쳐 교배시켜서 만들어 낸 것으로 1949년부터 일본 염소협회가 설립됨과 동시에 일본 자아넨종이라 부르게 되었다.

표준형은 최고 즉 키가 암컷 75cm 정도, 수컷 85cm이고 체중은 암컷 -15kg, 수컷 63.7kg이다. 외모는 자아넨종과 별로 차이가 없다.

비유능력은 본종이 아직 개량중이어서 차이점이 많으나 우수한 놈은 하루에 3.6kg이상이고 보통은 2.0~3.0kg정도이다.

가장 우수한 것이 비유기간이 300일이며 1기의 비유량은 1,600kg이상이고 1일 최고 8.1kg을 착유할 수 있는 것도 있다.

(4) 누비아종

일명 이집트염소라고도 하는 품종으로 아프리카 동부지방이 원산지이다. 주로 누비아, 이집트, 이디오피아 등지에서 많이 사육되며 현재 유럽, 인도, 미국 등지에서 사육되고 있다. 우리나라에도 도입되고 있으나 풍모가 다소 다르다. 체구도 다른 종류와 다른 점이 많다. 머리가 짧고 크며 넓적하고 귀는 쳐져 있다. 순종의 수컷은 나선형의 뿔이 있으며 목은 가늘고 길다. 등은 다리보다 짧고 위의 턱이 아래턱보다 짧아 이빨이 겉으로 보인다.

다리는 길고 가늘며 암컷은 66~71cm 정도이고 체중은 30~40kg이다. 털 빛은 암적색, 밤갈색, 유백색, 흑색 및 혼합색 등으로 이루어지고 있다. 키는 암컷과 수컷이 모두 60~70cm 정도로 작은 편이다. 성질이 온순하고 새끼를 2~4마리씩 낳는 다산형이다. 비유량은 1일 평균 착유량은 3~4kg이상이며 4~5%나 되는 높은 지방질을 함유하고 있다.

(5) 톡켄부르크종

이 품종의 원산지는 톡켄부르크라는 스위스 동부지방의 계곡이며 원신지의 이름을 붙였다.

이 품종은 체질이 강하고 온순하며 기후에 대한 적응성이 좋아서 현재 세계 각국에서 개량종으로 사육되고 있다. 특히 미국과 캐나다에서 많이 사육되고 있으며 개량종으로 각처에서 이용되고 있다.

일반적으로 몸의 형태는 자아넨종과 비슷하나 조금 작은 편이고 암수 모두 뿔이 없다. 목에는 육수(肉垂)가 있고 턱에는 수염이 있다. 턱의 색깔은 갈색과 초콜렛색 털이 온 몸에 덮여 있고 얼굴과 꼬리에는 흰 털이 나 있다.

체중은 암컷이 45~50kg이고 수컷이 60~80kg이다. 키는 암컷이 70cm이고 수컷이 90cm이다. 비유능력은 자아넨종보다 떨어진다.

비유능력은 평균 277일이고 비유량은 600~700kg이다.

1일 평균 착유량은 2.3kg에 이른다.

가장 우수한 것은 370일간에 1,401.3kg까지 착유할 수 있다고 한다.

(6) 알파인종

프랑스의 알프스지방과 독일에 이르는 알프스지방에서 널리 사육되고 있는 재래종을 개량한 품종이다. 자아넨종과 톡켄부르크종도 이 품종에서 유래된 것이라고 한다.

제12도 알파인종(외국)

성질이 온순하고 건강하며 산악지대에서 사육하기에 알맞다.

체형은 자아넨종, 톡켄부르크종과 유사하나 안컷이나 수컷은 모두 뿔이 있어 야생종 비슷한 유용종이다.

털색은 백색·담황갈색·회색·갈색·흑색 등 여러가지가 있으며 얼굴의 양쪽과 그 밑에 흰 무늬가 있는 것 등 여러가지가 있다. 뿔은 암수 모두 있는 것이 많다. 키는 암컷이 75cm, 수컷이 86~100cm정도이다. 체중은 암컷이 55~75kg, 수컷은 75~80kg정도이다.

비유능력은 개량된 흰 유용종이 약 300일 정도이다. 비유량은 4,630kg으로 1일 평균 1.8㎏정도이다. 지방질은 3.0~3.5% 정도 함유하고 있다.

성질이 온순하고 체질이 강건하여 산악지방에서 기르기에 적합한 품종이다.

(7) 브리티쉬알파인종

영국에서 개량된 품종으로 알파인계에서 유래된 것이다.

몸의 형태는 자아넨종이나 톡켄부르크종과 흡사한 유용종이며 뿔이 있는 것과 없는 것의 2종류가 있다. 뿔이 있는 것이 우수한 품종이다. 또한 육수도 있는 것과 없는 것이 있다.

털색은 검은 색이지만 안면 양쪽, 둔부, 꼬리, 무릎, 비절 이하는 회백색이다.

영국에서의 실적을 보면 비유기간이나 비유 능력이 자아넨종에 못지 않는 좋은 성적을 올리고 있다.

2. 기타의 품종

(1) 그라나다종

스페인, 남미, 멕시코, 미국 남부 등지에서 사육되는 유용종이다. 털색은 다른 잡색이 섞이지 않은 순 흑색이며 체중은 45~50㎏, 유방이 땅에 닿을 정도로 크다.

비유 정도는 스페인의 경우 성유기에 1일 5㎏, 연간 1,500㎏이상 착유된다고 한다.

(2) 압펜체르종

자아넨종 이외의 백색 유산양을 압펜체르종이라고 하며 또한 백색 톡켄부르크종이라고도 한다.

톡켄부르크와 똑 같으나 털색이 다르다. 체중은 45kg정도이고 뿔이 없으며 비유량도 비교적 많은 편이다.

(3) 마르타종

28~33kg 정도의 체중을 가진 소형종으로서 지중해의 마르타섬이 원산인 유명한 유산양이다.

마르타섬 이외에는 적응성이 적어 수출 번식되지 않고 있다. 체형은 뿔이 없고 털이 길며 머리, 목 부분에 나 있는 검은 털이 기본색이다.

비유량은 적은 편이어서 대개 9개월 정도이다. 1일 평균 착유량은 2~4kg 인데 이와 같이 유량이 적은 것은 몸집이 작고 착유를 1일 1회만 하기 때문이라고 한다.

(4) 모용(毛用)염소, 앙고라

아세아의 앙고라지방, 터어키 및 그 주변의 여러 나라가 원산지이며 북미, 멕시코, 오스트레일리아, 남미 등의 지역에서 좋은 성적을 올리는 모피용의 대표적인 품종이다.

원종은 히말라야, 티벳 등의 산악지방에서 서식하는 말코염소에서 유래된 것이라고 한다. 외모는 면양과 비슷하고 머리를 비롯한 온몸이 흰색으로 비단처럼 광택이 나는 연하고 부드러운 털로 싸여져 있다.

턱수염이 나 있으며 귀는 이래로 늘어져 있고 체중은 70·90kg 정도이다.

털은 모헤어라고 하며 면양털과는 달라 매년 늦은 봄부터 초여름까지 털이 빠지기 때문에 그전에 털을 채취해서 써야 한다.

털의 길이는 20~25cm이다. 털의 채취량은 암컷이 1.3~2.7kg, 수컷이 4.5~5.5kg이다.

털의 품질은 어린 것일 수록 양질이고 연륜에 따라 질이 떨어지며 6년 이상된 털은 상품 가치가 없다.

또한 살이 찐 앙고라염소의 고기는 고기의 이용가치가 높다.

(5) 래리이종

원종은 모양이 매우 진귀하게 생겼다. 원산지가 인도로서 귀가 큰 것으로 유명한 품종이다. 귀의 길이는 무려 40~50㎝이다. 뿔이 있고 몸은 작아서 체중은 20~30㎏정도이다.

(6) 카시미어종

보통 흰색으로 2종류의 털이 이중으로 나 있고 긴 것은 10㎝ 가량이고 짧은 것은 긴털 밑에 솜털처럼 나있는데 이것이 값이 비싼 좋은 털이다.

이 짧은 털은 겨울을 지나 봄이 되면 빠져 버리기 때문에 빠지기 전에 빗으로 빗어 모은다. 수컷은 털의 질이 떨어진다. 추위에 강하고 조방한 관리에 잘 견디지만 반대로 따뜻한 지방이나 저습지에는 적당치가 않다. 체중은 비교적 소형으로 30~40㎏ 정도이다.

(7) 한국재래종(흑염소)

우리나라에서 오랜전부터 길러 오던 토산종으로 검은 빛과 흰빛의 2종류가 있다. 체격은 작은 편으로 30~40㎏ 정도이며 육용(肉用)으로 길러 오던 것이다.

유용종(乳用種)이 들어오기 전에는 전부 이 종류만 길러지고 있었으나 그후 유용종이 늘어남에 따라 2종류가 함께 길러지고 있는 형편이다. 그러나 흑염소 탕을 애용하는 추세가 왕성한 지금은 역시 약용 보다 육용종을 더 좋아하는 것 같다.

개량종과 달라 강건하고 번식성이 좋아 조방한 사양관리에도 잘 견디고 허리마비에 대한 저항성도 강하다.

우리나라에서는 이 염소를 어릴 때 고기를 이용하여 자양강장제의 약제로 쓰는 것이 크게 보급되어 왔고 앞으로도 그런 추세는 더욱 성행되어질 것 같다.

(8) 몽고양(중국종)

중국대륙, 몽고지방에서 기르고 있는 것을 통틀어 중국종이라고 하며 이 것을 몽고양이라고 부른다.

우리나라에서 기르는 재래종도 따지고 보면 이 몽고양에 속한 것이다. 털 이 고운 것과 거칠고 긴 것이 섞여 있고 굳이 용도를 따진다면 모피육 겸용 종이다.

털색은 흰색이 많으나 갈색, 흰색 등이 있으며 해마다 4~5월이면 털갈이 를 한다.

체격은 중 정도라서 35~50kg, 수컷은 뿔이 있고 암컷은 없다. 체질이 강 건하여 조방한 사육에 잘 견디고 온순하며 환경의 적응력이 높다.

모피로 쓰는 외에 육용으로도 쓰인다.

제3장 염소의 감정과 선택

I. 좋은 염소의 기준

다년간 다수의 염소를 사육관리한 경험자는 숙련되어 있으므로 염소를 얼핏 본 것만으로도 즉시 그 좋고 나쁜 것을 대체로 감정할 수 있다. 초보자는 어려운 일이지만 사육자로서는 중요한 일이므로 그 개요를 기술 하기로 한다.

(1) 다유성(多乳性)의 암컷

대체로 얼굴은 가늘고 길며 목도 가늘고 길다. 4지와 동체 모두가 길고 가슴이 깊다. 등은 평직하고 십자부(허리)에서 엉덩이에 걸쳐서 특히 발달하고 있어 넓다. 특히 골반은 폭이 넓고 길며 뒤쪽일 수록 더 넓다.

피부는 부드럽고 얇으며 광택과 탄력이 있다. 몸 전체를 위에서 보든 옆에서 보든 장삼각형의 쐐기 모양을 하고 있다.

여윈형이지만 골격이 잘 발달하고 있어 체중은 무겁다. 유방은 복부에 넓고 깊게 붙어 있어 유즙이 충만했을 때는 팽대하고 착유가 끝나면 줄어들어 주름이 생긴다.

유정맥(乳靜脈)은 넓고 크다. 뿔, 육령(肉鈴)의 유무나 털이 길고 짧은 것은 유량에는 아무런 관계가 없다.

(2) 좋은 수컷

남성답고 늠름한 용모를 하고 있고 원기가 있으며 암컷보다도 살붙임이 좋고 체격도 좋다. 머리, 목은 굵고도 짧다.

가슴은 넓고 깊으며 키가 크다. 동체가 길고 등은 평직하다. 늑골이 잘 휘어지고 십자부에서 엉덩이에 걸쳐서 잘 발달하고 있다.

골반은 넓고 길며 4지가 강건하다. 특히 앞다리는 수직, 뒷다리는 바깥으로 강하게 벌어지고 있다.

털은 암컷보다 거칠고 딱딱하지만 광택이 있고 몸의 각 부분은 고르게 잘 발달하고 있다. 눈은 맑고 힘이 있다. 전체의 느낌은 장중하지만 우미하다.

한편, 수컷의 체취는 강렬하며 고환(睾丸)은 좌우 고르게 늘어지고 그 양쪽에 있는 젖꼭지는 크다.

(3) 건강한 염소

거동이 활발하여 머리를 높이 쳐든다. 4지는 단단히 땅을 밟고 보행이 확실하여 직선으로 진행하여 보기에도 쾌활하다.

조심스럽고 민감하여 울음소리가 명랑하다. 식욕이 왕성하며 반추작용이 매우 힘있다. 분(糞)은 토끼분과 같이 구형이다. 광택이 있는 암흑색 또는 농갈색으로서 한 알씩 흐트러진다.

눈은 항상 활기를 띠고 맑으며 윤이 나며 빛난다. 콧구멍을 비롯하여 노출점막은 항상 축축하고 광택이 있다. 털은 몸을 따라 나고 매끄럽고 광택이 있다.

피부는 부드럽고 탄력이 있으며 느슨하게 펴져 있다.

일견 여윈형으로 보여도 체중이 있고 근육이 죄어져 있다.

호흡은 보통 1분간에 성장된 염소는 18~24회, 맥박은 70~80, 체온은 38~39.5℃이다. 새끼염소의 호흡은 20~28회, 맥박은 80~88, 체온은 39~40℃이다.

2. 염소의 연령감정법

(1) 이빨에 의한 연령감정

염소는 위턱에는 이가 없고 연골판(軟骨板)이지만 아래턱에는 8개의 문치(門齒)가 있다. 또한 이 밖에 좌우상하에 각 6개씩의 구치(臼齒)가 있다. 새끼염소는 태어나면서부터 4쌍의 문치, 즉 8개의 유치(乳齒)가 있다. 이것은 성장함에 따라서 빠지고 영구치(永久齒)로 바뀌어진다. 즉 생후 1년~1년 2개월이면 중앙의 문치 2개가 빠지고 영구치가 새로 나온다.

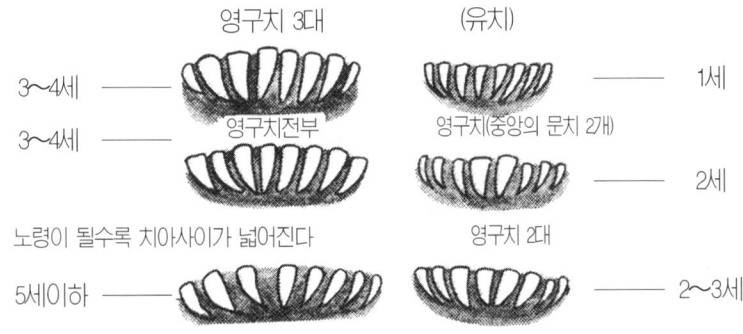

제17도 치아에 의한 연령감정

생후 1년반~2년이 경과하면 다시 중앙 양쪽의 문치 1쌍이 영구치로 된다. 이때 유치 2쌍과 영구치 2쌍으로 된다(2세에서 3세).

생후 2~3년이 경과하면 영구치 3쌍과 유치 1쌍으로 된다(3세에서 4세). 생후 3~4년이면 전부 영구치로 되는데 이것이 4세에서 5세이다).

한편, 5세 이후에는 치아에 의해 연령을 감별하기는 어렵다. 그러므로 치아의 마멸, 틈새의 정도에 따라서 추측하는 수 밖에 없다.

노령이 됨에 따라 치아의 틈새가 벌어지고 구치(어금니)의 마멸도 크다.

또 영양이 좋은 것은 일찍 갈아지게 된다.

(2) 외모(外貌)에 의할 경우

언뜻 보면 대체로 알게 되는 것인데 학리적인 이론에 의하는 것이 아니라 다년간의 사육경험에 의하는 것이다. 늙은 염소는 털이 길어지고 수염도 길고 뿔은 길게 커져서 많은 테가 생긴다.

발굽은 굳어지고 부제(副題)가 길어진다.

암컷은 복부가 늘어지고 유방의 피부는 두껍고 거칠어져서 광택도 없어진다. 음부(陰部)는 죄어짐이 사라져서 주름이 많고 전체적으로 활발치 못할 뿐더러 울음소리에 힘이 없고 탁음을 내며 걸음걸이도 불확실하게 된다.

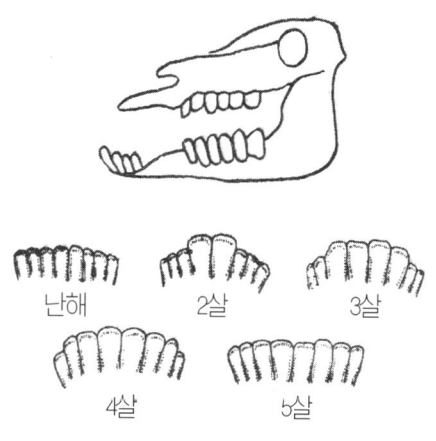

〈이빨에 의한 나이 감정〉

(3) 뿔에 의할 경우

1세 미만의 뿔은 조질(粗質)이어서 벗겨지기가 쉽고 만 1세경부터 진짜 각질의 뿔이 된다.

2세 때에 뿔의 기부에 1개의 각륜(角輪)이 생긴다. 3세가 되면 다시 그 밑에 각륜(테)이 생긴다. 따라서 각륜의 수에 1을 가한 수가 연령이 되는 셈이다.

이것은 매년 1회 분만하기 때문에 임신에 의한 모체의 영양관계에서 생기는 것으로서 각륜은 동시에 분만횟수를 표시하는 것이기도 하다.

그러나 병이나 기타의 사정으로 심하게 영양불량에 빠졌을 경우에도 각륜이 생기는 수가 있고 분만하지 않을 경우는 생기지 않아 그 간격의 장단, 심천(深淺)의 폭이 넓은가 좁은가에 따라서 판정해야 하는 것이므로 보조적으로 참고로 하는 정도이다.

3. 임신(妊娠)의 감정(鑑定)

임신초기에는 우선 발정이 그치지만 외관상으로는 아무런 이상도 나타나지 않는다.

염소는 가을의 발정기에는 대개 3주일마다 주기적으로 발정(發情)하는 것이므로 씨받이 후 3주일에 재발정이 없을 때는 수태(受胎)된 것이라 보아도 된다.

임신 일수가 경과함에 따라 점차 성질이 온순하게 되어 도약(跳躍)을 싫어하고 좋아하는 높은 곳에도 오르지 않게 된다.

또한 스스로도 몸을 조심하게 되어 물체의 그늘에 드러눕거나 무리일 때는 그 뒤쪽에 있거나 혹은 무리에서 벗어나게 된다.

또한 임신이 경과함에 따라서 식욕이 왕성하게 되어 비유중의 것은 급속히 젖이 줄고 영양상태가 일시 상당히 좋아지며 털의 광택도 좋아진다.

태아가 발육됨에 따라서 배둘레가 커지고 이어서 아래로 쳐진다. 유방은 팽대하여 분만 며칠전에 시험 삼아 짜보면 짙은 황색젖(初乳)이 나온다.

분만 1개월전 쯤부터 태아의 발육이 급성장하지만 임신 4개월 경이 되면 우측 복부의 복벽(腹壁)이 태동(胎動)으로 움직이는 것을 알 수 있고 염소이 공복시에 복부를 손으로 세게 찌르듯이 누르면 태아가 고깃덩어리처럼 감촉됨을 알게 된다.

4. 양성(兩性)과 무정(無情)의 감정

양성이란 일견 암컷처럼 보이지만 번식에는 도움이 되지 않는 것으로서 암컷에 가까운 것과 수컷에 가까운 것이 있다.

가장 많은 것은 전자이다. 암컷에 가까운 양성은 외음순(外陰脣) 하부의 정점이 현저히 발달돌기하여 안쪽으로 구부려져 있으므로 자세히 보면 알 수 있다. 개중에는 드물게 교미가 가능한 것도 있으나 수태되지 않는다. 어쨌든 양성의 염소는 모든 육용 이외에는 가치가 없는 것으로 도태해야 할 것이다.

외관상의 식별에서 이밖에 중요한 것은 다음과 같다.

① 암컷이 체형을 하고 있어도 골격이 튼튼하여 뼈가 굵고 털이 조강(粗剛)하여 외견상 수컷을 닮고 있다.

② 생후 4~5개월 정도는 암컷을 쫓아다니거나 암컷의 등에 타거나 하며 수컷과 같은 동작을 한다.

③ 드물게 발정하는 것도 있으나 발정기가 와도 수태하지 않는다.

④ 성장함에 따라서 암컷보다도 빨리 턱수염이 나며 그 신장도 빠르다.

⑤ 암컷보다 원기가 좋고 동작이 거칠어 수컷을 아주 닮고 있다.

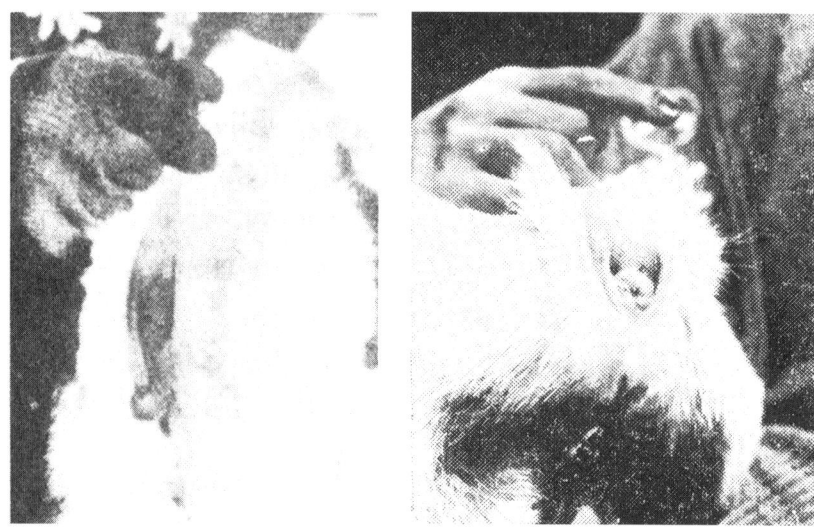

제18도 양성염소(생식기의 발기에 주의)

무정이란 수컷의 외관을 하고 있으나 정자(精子)를 갖지 못하고 암컷과 교배하여도 수태하지 않는다.

외관상으로 이를 식별하기는 거의 불가능하므로 씨수컷의 후보는 생후 10개월 정도로 되면 2~3두의 암컷에 시험교배시켜 확인하는 것이 종래 취하는 방법이었으나 지금은 수컷의 요추(腰椎)에 전기자극을 가하여 사정(射精)시켜 현미경으로 정자의 유무, 활력, 기형률을 조사함으로써 알수가 있다.

일반적으로 외관이 다음과 같은 수컷에 무정의 의심이 있으므로 참고하기 바란다.

① 성질, 거동, 골격, 체형 등이 암컷과 흡사하여 수컷과 같은 웅장함이 없다.

② 고환(睾丸)의 발육이 좋지 않는 것, 극단으로 작은 것.

③ 체취가 약한 것.

5. 부유두에 대하여

태어났을 때 이미 젖꼭지 외에 그 근처에 돌기가 생긴것으로서 성장과 함께 비유시에 젖이 나오는 것과 전혀 나오지 않는 것이 있다. 전자는 착유하는데 불편하지만 후자는 지장이 없다.

이것은 새끼염소일 때 작은 돌기일 무렵 명주실이나 동물질의 실로 뿌리목을 단단히 묶어 두면 성장함에 따라서 자연히 그 부분에서 제거되어 흔적만 남게 된다.

6. 염소의 선택

누구나 기왕이면 외모도 좋고 능력이 우수한 염소를 고르려고 하는 것은 당연한 일이라 하겠다. 훌륭한 염소란 어떤 것이며 어떻게 선택하는가를 알아 보기로 한다.

(1) 선택의 요건

① 능력

육용이냐 유용이냐 따라서 각각 그 능력이 뛰어나야 한다. 유용종인 경우 실제로 젖을 짜보면 알게 되는 것이지만 대개는 실적이 우수한 것으로 대중한다.

가장 안전한 구입 방법은 신용있는 사람에게서 분양 받거나 우수한 능력을 가진 어미의 새끼를 분양 받는 것이 좋다.

② 혈통

좋은 혈통을 이어 받지 못한 품종은 아무리 철저한 사양관리와 노력을 기울여도 어느 정도 이상의 능력 밖에는 발휘할 수 없게 된다.

다시 말하면 혈통이 좋지 않는 모체에서 가령 우수한 종자가 나왔다 해도 좋은 혈통의 것에 비하면 능력이 뒤떨어진다는 것이다.

그러므로 될 수 있는대로 첫째 혈통이 좋고, 둘째 능력이 우수하며, 세째 외모도 훌륭한 것 등의 3가지 요소를 갖춘 것이라면 훌륭한 염소라 할 수가 있다.

새끼 염소를 구입할 때는 우선 외모를 잘 관찰하고 암수 두 어미의 혈통을 정확히 조사한 뒤에 구입해야 한다.

염소를 사육하다가 유전적 소질이 좋지 않은 새끼를 타인에게 양도하는 수가 간혹 있다.

그러므로 항상 정확한 판단과 관찰로 우수한 것을 구입 사육해야 할 것이다.

③ 외모

젖을 생산하는 유용종의 암컷은 몸맵시가 좋아야 하며 젖통이 잘 발달된 것으로서 될 수 있는 한 커야 한다. 또 한 몸 전체의 조화가 잘 이루어진 것이라야 하며 각 부위의 상태도 좋아야 한다.

④ 외모의 감별

외모의 판별은 적어도 사육자라면 알아 두어야 할 상식적인 문제이다. 그렇다고 사육자가 권위자 이상으로 독특한 주관을 내세우기 전에 어디까지나 심사 표준에 따르는 것이 현명하다.

유용종은 품종에 따라서 각각 특징을 가지고 있으므로 특성을 충분히 갖춘 것이라야 한다.

심사의 심사표준을 들면 다음과 같다.

〈 염소의 체형심사표준〉 (개량 유용종)

① 품종의 특성 : 몸의 색깔, 몸집의 크기, 머리의 생김새 등이 품종의

특성을 잘 나타낼 것.

② 체　색 : 털색이 희고 전체적으로 보기 흉한 점이 없는 것.

③ 몸집의 크기 : 다 자란 암컷은 키가 75㎝, 체중 60㎏, 수컷은 키가 85
　　　　　　　㎝,체중 85㎏을 표준으로 한다.

　머리의 크기가 전체 몸집과 균형이 잡히고 얼굴의 윤곽이 뚜렷하여 약간
긴 편이어야 한다. 이마가 충실하고 양쪽 눈 사이가 넓으며 콧대가 곧고 턱
이 짜여져 있는 것.

　눈이 맑고 커야 온화하고 활기가 있어 보여야 한다.

　입은 크고 구열이 깊고 꽉 다문 것이 긴장미가 있다. 코는 비경이 선명하
고 다소 콧구멍이 큰 것이 좋다. 크기는 알맞어야 하고 조금 앞으로 기울어
진 듯한 것. 귀는 너무 크지 않고 모양이 좋으며 약간 앞으로 향해 서 있을
것.

④ 유용종의 특성 : 예각적이고 체격이 풍부하며 전신의 발달이 잘 되고
　　　　　　　　미끈하게 생겨야 한다. 각부의 균형이 잡히고 암컷은
　　　　　　　　쐐기 모양을 하고 있을 것.

⑤ 균형과 체격 : 몸의 각 부위가 잘 발달하고 머리, 목, 몸체와 네 다리
　　　　　　　등의 균형이 잡히고 체구가 넓고 깊으며 길고 체격이
　　　　　　　풍부할 것

⑥ 앞몸 : 몸은 머리와 어깨에 옮겨가고 있는 상태가 완만하며 길이가
　　　　길고 우아한 것이 좋으나 어미 염소는 다소 튼튼해야 한다.

⑦ 가슴 : 넓고 충실해야 하며 조대(粗大)한 것은 좋지 못하다.
　　　　가슴의 발달이 잘된 것은 폐와 심장이 들어 있는 용적이 큰 것
　　　　이며 이런 것이 생활 기능이 왕성하고 건강한 체질이다.

⑧ 어깨 : 적당한 경사가 있고 부착한 상태는 목과 등의 적합이 긴밀하

게 되고 가운데 몸으로 옮겨가고 있는 상태가 평활한 감이 있
는 것.

⑨ 중몸 : 허리는 폭이 넓고 강하며 길고 등과 수평하고 뒷몸으로 옮겨
　　　　지는 상태가 좋을 것.

등은 척추의 수상돌기를 만지면 잘 알 수 있을 정도로 길고 강하며 곧아
야 한다(십자부에서 둔부까지의 경사는 될 수록 적을 것).

⑩ 뒷몸 : 몸둥이는 평평하고 경사가 완만하고 넓으며 긴장미가 있을 것.
　　　　네 발의 길이가 중등이고 바르며 관절과 근골은 근실하고 선명
　　　　해야 한다. 발톱의 형질이 좋아 걷는 모양이 정확할 것.

⑪ 넓적다리 : 가랑이 사이가 넓고 고열(股列)이 깊으며 바깥쪽이 알맞
　　　　게 충실한 것. 양 요각(腰角)간이 넓고 수평이어야 하며
　　　　둔부는 수직으로 되고 허벅다리는 넓어 큰 유방이 들어
　　　　갈 수 있게 허벅지 사이가 넓어야 한다. 요각은 적당히 돌
　　　　출하고 좌우의 좌골 사이에도 폭이 넓고 길며 관절의 사
　　　　이도 넓어야 한다.

⑫ 자질 : 체질은 강건하고 발육이 좋으며 체구는 넓고 깊은 듯하고 또
　　　　한 성장성이 있고 개량된 것이 보이는 것.

⑬ 품위 : 윤곽은 선명하고 성질은 점잖고 온순해야 한다. 또 활기가 있
　　　　고 암컷은 우아하고 수컷은 건강하게 보이며 나쁜 버릇이 없
　　　　을 것.

⑭ 피모와 피부 : 피모는 짧은 편이어야 하고 가늘고 부드러우며 광택이
　　　　있어야 한다. 피부는 얇고 탄력과 여유가 있을 것.

⑮ 유방 : 용적이 크고 균등하게 발달하고 있으며 또 한 앞뒤로 잘 퍼져
　　　　서 폭이 넓고 부착 상태가 좋을 것. 또 유연하고 탄력이 풍부

하며 정맥이 그물 모양으로 나타나며 피모가 적을 것.

⑯ 젖꼭지 : 형질이 좋고 크기가 적당하며 균등하게 발달되어 있으며 부
착 상태가 젖구멍이 너무 작지 않을 것.

⑰ 유맥 : 굵고 길며 굴곡되어 있으며 큰 유방에 연결되어 있고 유방정
맥이 그물 모양으로 잘 퍼져 있을 것.

⑱ 생식기 : 암컷은 잘 발달하고 형상이 정상적일 것. 수컷은 고환이 모
양 좋게 정상적으로 발달하고 붙은 위치가 좋으며 적당히
늘어진 것.

〈실격〉

① 피부에 큰 반점이 있은 것(호도알보다 큰 점과 굵은 털이 몹시 많은
것).

② 다른 색깔의 털이 섞인 것.

③ 간성인 것.

④ 음고(陰睾 : 고환이 속에 들어가 보이지 않는 것).

⑤ 수컷의 부유두 및 암컷의 중복유두.

〈감점〉

① 뿔이 있는 것.

② 담색이니 다른 털이 섞인 것(목이나 등에 담갈색이나 담황색을 띤 것)

③ 피부에 반점이 있는 것(보기 흉할 정도로).

다음에는 참고로 영국의 브리티쉬 콜롬비아 염소협회가 정한 심사 표준
을 소개하기로 한다.

〈영국의 체형심사 표준〉

① 일반외모(암컷 10점, 수컷 12점)

ⓐ 태도 : 활발하고 활기가 있는 것.

ⓑ 자질 : 피모가 부드럽고 아름다우며 섬세하고 광택이 있으며 피부를
      여유 있게 손으로 잡을 수 있을 것. 또 탄력이 있고 부드러운
      것.

ⓒ 피모 : 자아넨종·톡켄부르크종은 광택이 있고 길이가 짧은 것이 좋
      다. 누비아종은 약간 조잡하고 길이는 보통, 또는 약간 짧은 것
      이 좋다.

ⓓ 털의 빛깔 : 자아넨종은 흰빛으로 피부의 흑점을 허용하며 독켄부르
      크종은 갈색으로부터 진한 초코렛색까지 여러가지가 있
      다. 다음과 같은 흰빛이 뚜렷한 특징에 들어난다.

즉 귀는 흰빛으로 보통 중앙에 검은 무늬가 있으며 얼굴의 양쪽 눈 위에
서부터 콧등(비경)에 이르기까지 2개의 흰 줄이 있을 것. 콧등은 희고 다리
는 안쪽과 팔굽 발목(비절)의 아래쪽은 모두 3각형의 흰 무늬가 있다. 누비
아종은 털빛이 여러 가지가 있다.

② 머리(암컷 5점, 수컷 5점)

ⓐ머리 : 암컷과 수컷은 각각 서로 다른 모양을 하고 있는 것.

ⓑ 입·코 : 콧등이 선명하고 입과 코가 충실한 것.

ⓒ 눈 : 크고 선명하며 광채가 있고 눈집이 발달한 것.

ⓓ 얼굴 : 건조한 편이며 약간 길고 이마는 넓은 것 누비아종은 로망형이
      다.

ⓔ 귀 : 자아넨종·톡켄부르크종은 작거나 중 정도로서 귀가 서거나 약
      간 앞으로 경사진 것. 누비아종은 크고 무거우며 드리워져 얼굴
      에 밀착된 것.

③ 목(암컷 3점, 수컷 3점)

목이 길며 가늘고 육수(肉垂)가 있는 것과 없는 것이 있다. 수컷의 육수

는 암컷의 것보다 단단하고 굵다.

④ 앞몸(암컷 3점, 수컷 3점)

ⓐ 갈기 : 가늘고 예리한 것.

ⓑ 어깨 : 가볍고 몸통으로 내려가는 선이 미끈한 것.

⑤ 가슴(암컷 5컷, 수컷 5점)

아주 길고 가슴 사이와 앞다리의 뒤쪽이 충실하고 견갑골의 뒤쪽이 오목하게 들어간 곳이 없는 것.

⑥ 등(암컷 5점, 수컷 5점)

등이 길고 곧으며 등뼈가 잘 나타나는 것.

⑦ 갈비(암컷 5점, 수컷 5점)

갈비가 넓고 길며 크게 벌어지고 배 둘레가 큰 것.

⑧ 뒷몸(암컷 10점, 수컷 10점)

ⓐ 볼기 : 넓게 떨어져 있는 것.

ⓑ 엉덩이 : 넓고 길며 경사가 작은 것.

ⓒ 좌골과 넓적다리 : 좌골의 결절이 넓게 떨어져 있으며 사타구니는 마르고 넓게 떨어져 있는 것.

⑨ 다리(암컷 4점, 수컷 4점)

다리가 마르고 단단하며 곧고 몸통 아래에 3각형으로서 있고 균형이 잡힌 것. 발목은 X자형 또는 구부러지지 않고 발목의 길이는 보통이고 탄력이 있는 것.

⑩ 유방(암컷 25점)

유방은 육질이 아니고 선질(腺質)이며 부드럽고 섬세하며 용적이 크고 몸이 넓고 높게 부착되어서 늘어지지 않는 것.

⑪ 젖꼭지(암컷 5점)

부착된 위치가 정확하고 균형이 잡혀 있으며 젖을 짜기에 적당한 크기인 것.

⑫ 유정맥(암컷 5점)

유정맥이 굵고 길며 가지가 갈라진 것.

⑬ 수컷의 성장(수컷 10점)

⑭ 수컷의 생식기(수컷 10점)

⑮ 수컷의 젖꼭지(수컷 3점)

⑯ 키와 체중(암컷 5점, 수컷 5점)

⑰ 뿔이 없는 것(암컷 10점, 수컷 20점)

⑱ 합계(암컷 100점, 수컷 100점)

⑲ 감점

ⓐ 완전히 뿔을 깍은 것(암컷 5점, 수컷 10점)

ⓑ 뿔이 있는 것(암컷 10점, 수컷 20점)

ⓒ 젖꼭지(암컷 5점)

ⓓ 살찐 상태(정도에 따라서 감점)

⑳ 실격

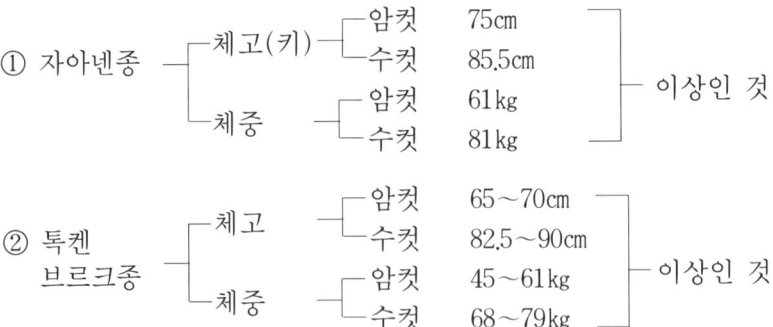

중요한 형질의 기형이나 번식이 불가능한 것.

③ 누비아종 ┬ 체고 ┬ 암컷 75cm
　　　　　└ 　　　└ 수컷 87.5cm ┬ 이상인 것
　　　　　┬ 체중 ┬ 암컷 57kg
　　　　　└ 　　　└ 수컷 75kg

(2) 체격 측정(體格測定)

앞면의 2가지 심사기준은 가장 우량인 것을 가려내는 기준이다. 그러나 실제로 이러한 기준에 맞는 것은 그리 흔하지 않기 때문에 보통 영리적으로나 가축으로 사육하는 경우는 약간의 오차가 있더라도 그대로 만족할 수 밖에 없지만 가급적이면 위의 여러 가지 조건에 가까워야 한다.

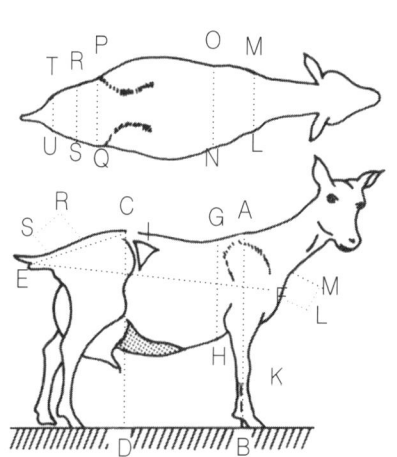

〈체격 측정 부위〉

EF : 뒷길이
RS : 엉덩이폭
K : 정강이둘레
CD : 십자부높이
GH : 가슴깊이
ON : 가슴폭
PQ : 요각폭
TU : 좌골폭
AB : 체고
ㄷㄱ : 치장
LM : 어깨폭
GH : 가슴깊이

〈자아넨종의 체격표준〉(자아넨종)

암수＼구별	체 고	체 장	가슴둘레	십자부고	체 중
암	cm 78.2 ±1.76	cm 82.78 ±2.04	cm 91.26 ±4.1	cm 79.10 ±2.69	cm 64.88 ±8.20
수	90.03 ±1.11	94.02 ±1.00	102.61 ±1.46	86.93 ±0.60	91.80 ±2.70

염소의 몸을 재어서 측정할 경우는 그 측정 부위가 정하여져 있다.

(3) 염소의 개량

① 개량의 목표

선진국가에서는 유용종이 농가 자급용 젖소와 같은 역할을 하고 있다. 그러므로 경제적인 면에 공헌하는 데는 경제적 비유 능력이 있어야 할 것은 두말할 필요도 없다.

스위스에서는 유용종의 개량 주안점은 조사료로도 비유 능력이 양호하며 일정한 양의 젖을 착유 조성하는 것을 목표로 하고 있다.

그 이유를 들면 다음과 같다.

① 체질이 건강하고 발육이 빠를 것.

② 비유량이 많아야 할 것.

③ 사육시 관리가 편리할 것.

④ 비유기가 길고 유질이 좋아야 할 것.

⑤ 사료에 이용성이 풍부해야 할 것.

등을 목표로 해서 유용종 개량에 노력하고 있다.

(4) 유전(遺傳)

염소의 실용성은 물론 외모의 특성 기타 유전에 대한 연구는 다른 가축에 비해 늦은 편이다.

비유기관과 유질 등은 젖소와 같다고 하지만 개량시 교배에 의해 양친의 중간형을 나타낸다.

유량이 많고 비유기간이 긴 것은 착유량은 많지만 지방의 함량이 적어지는 형태로 변한다.

그러나 유량과 형질의 유전은 외모의 유전성 보다는 단순하지 않아서 복잡한 유전 형식에 의해 이루어진다. 또한 환경 조건과 사양 관리에 따라 크게 영향을 받는다.

　수컷의 경우 선천적이 무정체질이 있어 이것도 유전된다고 하는데 최근 전기자극으로 정액을 채취하여 검사하니 약 50%가 무정 염소였다는 보고도 있다.

　외모에 있어서 뿔의 유무에 대해서는 뿔이 없는 것이 뿔이 있는 것에 대해 우성이다. 뿔의 흔적은 수컷에서 많이 볼 수 있고 뿔의 크기도 역시 수컷이 크다.

　털빛은 흰색이 다른 색깔에 비해 우성이므로 다른 색깔이 나타나는 것의 조상에서 가지고 있던 열성이 나타난다.

　자아넨종에서 볼 수 있는 목이나 등의 갈색반점, 혹은 흑색털은 모두 열성을 의미하는 것이다.

　기형적인 유전으로 한쪽 고환이 복강 속에 있는 음고성(陰睾性)은 열성의 체질이다. 부유두 또는 상하 턱이 맞지 않는 것, 보통 아래턱이 짧은 개체를 더러 볼 수 있는데 영국에서는 이를 근친 번식의 제 1결함이라고 하는 것으로 보아도 아마 열성인 모양이다.

　앞으로 연구가 계속됨에 따라서 그 인자가 밝혀지리라고 본다.

　(5) 간성(間性)

　염소는 다른 가축에 비해 비교적 좋은 성적으로 이상적인 개체기 많이 나온다. 그런데 암수의 생식기관이 불완전한 형태를 갖춘 것을 염소의 간성이라 한다.

　이러한 현상은 2개의 불완전한 생식기를 함께 가지고 있개 때문에 사육자는 양성 또는 중성이라고도 말하지만 이것은 수컷의 기능이라 암컷의 생식 작용은 할 수 없는 폐염소이므로 빨리 도태시켜야 한다.

　간성은 내외 생식기의 형태로 보아 5가지 형으로 분류하고 있다. 대개 간성은 분만과 동시에 알 수 있으나 암컷에 속하는 것은 사육을 계속하면서 판별해야 한다. 암컷은 사육을 계속하면 얼굴이 점차 수컷화 되는 것 등으로 구별할 수가 있다.

음핵이 큰 것은 대개 간성인 경우가 많다. 단순히 음순의 폭이 넓고 형상이 조금 다르다는 정도로 싼 값으로 파는 예가 간혹 있으나 이것은 간성에 대한 지식이 부족하기 때문이다.

간성과 뿔이 없는 것과의 관계는 강한 연관관계가 있어 상반해서 유전하는 경우가 많다.

뿔이 없는 염소가 간성인자를 갖지 않는 것이 있고 뿔이 있는 염소에도 간성인자를 가지고 있는 것이 있다는 것이 확인되었다.

다시 말하면 유각(有角) 염소가 간성인자를 전혀 갖지 않는다면 양친의 한 쪽이 유각일 것 같으면 간성이 생기지 않을 것이지만 조사결과 소수나마 간성이 생긴다는 결과가 나타났다. 또한 암수 모두가 유각일 때는 간성이 한마리도 나오지 않는다.

(6) 개량 번식

교배는 품종의 개량에 가장 중요한 요소라 할 수 있다.

일부 사육자는 종모(種母)의 선택이 불가능하다는 원인도 있겠지만, 닥치는 대로 번식시켜 애써 만든 우량품종을 못쓰게 만드는 수가 많다. 개량을 위한 번식에는 다음과 같은 여러가지 방법이 있다.

① 순수번식

우수한 품종을 다른 잡종이 섞이지 않게 우수한 품종끼리 교배 번식시켜 가는 방법이다.

즉 자아넨종은 자아넨종끼리 교배 번식시켜 가는 것을 말한다. 이러한 순수 번식은 대체로 염려없이 우량종을 얻을 수 있다는 장점이 있으나 순종끼리라도 근친인 경우도 있을 것이고 또 인연이 먼 것도 있을 것이므로 근친 번식과 순수번식을 잘 구별해야 한다.

② 근친 번식

근친간의 교배 번식을 말한다.

유용종에 있어서 어느 정도까지 근친인가의 명확한 한계를 기준할 수는 없으나 일반적으로 어미와 자식간, 형제지간, 조부모와 손자간과 같은 것을 근친간이라 한다.

장점은 목표로 하는 형질을 고정시킬 수 있는 점이지만 결점도 있다. 즉 기형적인 열성 인자가 존재하는 것이 많으므로 특히 주의해야 한다.

이러한 근친 교배는 우수한 형질이 자손에게 나타나는 것을 목표로 하지만 점차로 체격이 작아진다든지 그렇지 않으면 체질의 저하 혹은 생산력의 감퇴, 생식력이 떨어지는 단점이 많이 있다.

그러므로 이 방법은 하나의 품종을 만드는데 있어 개체가 가지고 있는 우수한 점을 빨리 또한 확실히 고정시키는데 이용하는 방법이라 하겠다.

③ 계통번식

이 방법은 근친번식의 결점을 피하는 방법으로서 가능한 한 인연이 먼 것끼리 교배를 시켜 번식하는 방법이다.

④ 잡종 번식

다른 품종간의 교배에 의하는 방법으로서 품종에 다시 다른 품종의 좋은 점을 종합하여 우리가 목적하는 좋은 점을 고정시키려는 것으로 품종 개량의 한 과정으로 이용하는 방식이다.

그러나 지나친 잡종 번식으로는 오히려 좋지 못한 결과를 초래하는 경우가 많으므로 일단 잡종에 의해 좋은 결과를 얻었다면 순수번식 계통번식에 의해 고정하는 것이 보통이다.

⑤ 1대잡종의 이용

1대 잡종은 양쪽 부모의 좋은 점을 겸해서 가지는 수가 많으나 강건체질, 발육 왕성, 생산력의 향상 등은 다르다. 사람도 이와 같이 1대잡종은 아름답고 건강하며 머리가 뛰어나게 좋다는 정평이 있다.

그 이유는 수정된 알에 일종의 활력 혹은 자극이 주어지기 때문이다. 그래서 우리나라와 외국에서도 양잠 축산원예에 이 1대잡종의 이용이 식시되고 있는 것이다.

그러나 이 번식법은 당대만은 좋은 형질을 이용할 수 있으나 당대 이후의 잡종은 그다지 이용성이 없다는 것이다. 유전원칙에 의하면 2대 잡종 이후의 것은 각각의 형태 성능이 분리되어 이용성이 없는 열성개체 중에는 그야말로 쓸모없는 개체도 생겨난다고 한다.

그러므로 1대잡종은 당대만으로 그쳐야 하며 필요할 때마다 1대잡종을 새로이 만들어 이용한다는 불편이 있다는 점을 알아야 한다.

⑥ 귀화법(歸化法)

이 방법은 잡종법 중의 첫째 방법으로서 현존하는 소위재래종으로는 만족하지 않으므로 우량한 품종과 바꾸어 봤으면 하는 경우, 그 우량종과 교배시켜 생긴 새끼에 또 다시 우량종을 교배시키는 방법을 반복하여 나중에는 유량종과 꼭 같은 개체로 만든다는 방식이다.

실제 문제에 있어 계획이 계산한 것처럼 정연하게 이루어지는 것은 아니지만 어쨌든 대를 거듭할 수록 우량종에 가까운 소질의 개체로 되어가는 것만은 확실하다.

제4장 염소의 사양관리(飼養管理)

염소의 사양법을 나누면 다음과 같이 된다.

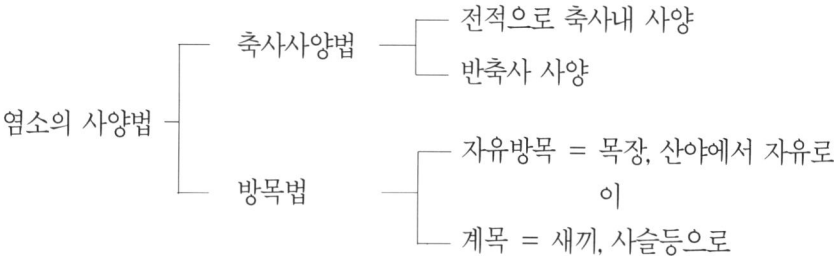

가정용으로 1~2마리 사양할 경우에는 염소사(축사)사양법이 보통이다. 평소에는 염소사내에 있다가 개인날에는 자유로이 운동장으로 나와 충분히 햇빛을 받고 운동할 수 있도록 기르는 것이다. 그러나 눈이 많은 지대에서는 운동장의 이용이 제약되는 계절이 있으므로 염소사를 가급적 넓게 만들어 실내에서 운동할 수 있도록 연구할 필요도 있다.

또한 가정용 염소는 간편한 경제적인 방법으로서 게다가 염소의 건강과 비유(泌乳)를 위해 봄부터 가을에 걸쳐 산야나 밭둑, 제방, 목초지에 2~3m 길이의 밧줄 등으로 계목(繫牧)하여 사유로이 먹게 하면서 햇볕을 쬐어 술 것을 권장코저 한다.

이 경우의 주의로서는 밧줄을 고정하는 철봉과 염소의 목걸이를 묶는「회전고리」를 붙이는 것이 가장 중요하다는 것이다.

철봉 즉 철막대는 계목중의 염소의 안전관리와 이동하며 제목하기 때문에 편리하다. 회전고리는 계목 중에 염소가 돌아다니거나 뛰어다니거나 하는 중에 몸이나 다리를 감아서 왕왕 부상하거나 자유를 잃어 목에 감기어

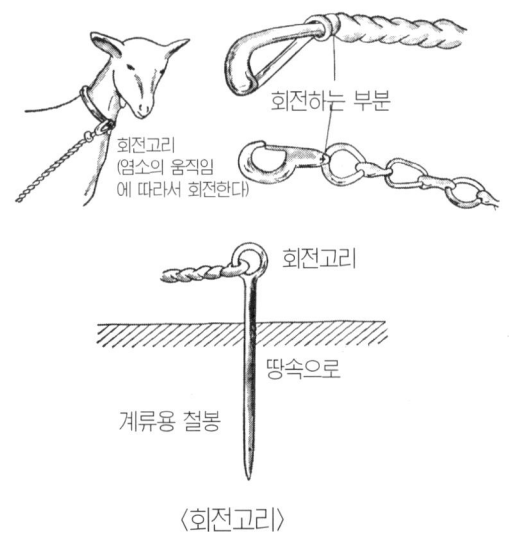

회전하는 부분

회전고리
(염소의 움직임
에 따라서 회전한다)

회전고리

땅속으로

계류용 철봉

〈회전고리〉

죽는 수도 있다.

또 방목을 중심으로 해서 기를 경우에도 아침, 저녁 2회의 농후사료보급과 저녁 1회의 식염, 칼슘 등의 보급을 하지 않으면 충분한 발육은 바랄 수가 없다. 염소기르기의 중요한 점은 사랑하는데 있다. 사랑 없이는 염소는 육성할 수가 없다.

다른 반추류에 속하는 가축은 그러하듯이 염소도 무리를 이루어 사는 온순하고도 겁이 많은 동물이다. 풀을 잘 뜯어 먹음과 동시에 목을 늘여서 나뭇잎도 잘 뜯어 먹는 성질이 있다.

염소는 해가 뜨기 1시간 전부터 해가 진 뒤 1시간까지도 채식한다. 채식량은 하루 2~3kg이다. 큰 염소는 하루 평균 5~6kg이나 먹으며 10~16kg까지 먹는 것도 있다.

물로 채식하는 생초에 따라서 그 양에도 차이가 있어 섬유질이 많고 딱딱한 것은 이보다 20~30% 정도 감식한다.

이밖에 건초는 1.5~2.0kg, 농후사료를 500g 정도 혼합했을 경우에는 1.0 ~1.5kg 를 채식한다. 사일레지(Silage)로는 탈지 쌀겨 5%를 섞은 것은 3.6~ 4.1kg, 옥수수 사일레이지는 2.4~2.5kg 정도 먹는다.

염소가 이와 같이 채식량이 많은 것은 반추동물이 가지는 위에서와 같은 특성 때문이다.

I. 새끼 염소 기르기

젖떼기를 하고부터 2개월 정도까지의 사이에는 새끼염소로 기르는 것이 이상적이다. 새끼염소는 태어나서 30분에서 1시간쯤 지나면 스스로 일어서서 어미염소의 젖을 찾아먹게 된다.

그러나 드물게는 스스로 먹지 못하는 것도 있으므로 그럴 때는 한 손으로 새끼염소의 머리를 받치고 다른 손으로 어미염소의 젖꼭지를 물게 하여 조용히 젖꼭지를 쥐고 새끼염소의 입속에 젖을 흘러 넣으면 먹게 된다.

반대로 어미염소가 자기의 새끼염소가 젖을 먹는 것을 싫어하는 수도 있으나 이럴 경우에는 어미 염소를 고정시켜 움직이지 못하도록 하여 놓고 새끼염소를 접근시켜서 젖을 먹게 하는 습관을 붙이면 몇 번이면 고쳐진다.

분만 1주일 정도의 사이에 나오는 젖은 초유(初乳)라고 하며 보통의 젖과 성분이 다른 것은 우유의 경우와 마찬가지이다.

초유는 농후한 담황색으로 하제의 효능이 있어 모체 내에 있는 동안의 태분(胎糞)을 배설시키는 역할을 하여 태어난 새끼염소에게 있어서는 가장 중요한 젖이라는 것을 잊어서는 안된다.

그러므로 초유는 충분히 새끼염소에게 먹이지 않으면 안되며 새끼염소가 먹다 남은 모유는 착유하지 않으면 어머염소의 비유량이 줄어들므로 주의해야 한다.

생후 3~4일은 어미염소와 조용히 기르고 그후 따뜻한 날에는 어미염소와 함께 사육사 밖으로 내보내어 자유로이 운동시켜 햇볕을 받게 한다. 이 경우 추운 날의 찬바람이나 염천하의 직사광선은 피해 주어야 한다.

생후 3주일 전후부터 점차 고형물을 스스로 먹게 된다. 그러나 너무 빠른 것은 좋은 일이 아니므로 그 무렵부터 소량의 밀기울을 더운 물에 이겨 밀기울죽, 두부비지, 부드러운 풀 등을 점점 더 주어서 길들인 뒤 2개월 안팎에서 완전히 젖떼기를 하고 다른 사료만으로 기르도록 한다.

실제로는 귀중한 계통의 것이거나 종부용(種付用) 수컷후보는 더욱 오래 젖을 먹이고 있다. 포유(哺乳)기간이 길면 그만큼 발육이 좋고 그 성적이 좋기 때문이다.

새끼염소 기르기에서 가장 중요한 것은 이유기(離乳期)로서 그 좋고 나쁨이 새끼염소 기르기의 성공 여부의 갈림길이 된다.

생후 2개월 내외에서 젖떼기를 할 경우에는 40~45일경부터 이따금 어미염소로부터 떼어 놓는다. 첫날은 2시간정도, 이튿날은 4시간 정도, 다음날은 6시간 정도, 다시 그 다음날은 9시간 정도로 날이 감에 따라서 이유 시간을 길게 하고 이어서 낮에만 어미에게서 떨어지게 한다.

동시에 밀기울과 같은 소화가 잘 되는 사료를 점차 더주어 젖을 떼어도 다른 사료만으로 살아갈 전망이 보이는 체중 10㎏ 정도로 되었을 무렵에 젖을 떼면 틀림이 없다.

갑자기 젖을 떼었기 때문에 소화불량, 설사를 일으켜 회복되지 못해 죽게 되는 예도 있다. 또한 어미염소가 병에 걸리거나 죽거나 했을 경우에는 인공포유 혹은 「이모포유(異母哺乳)」에 의하는 경우가 있다.

인공포유는 숙련되었을 경우에는 초유부터 하지만 일반적으로는 생후 1

주일 정도부터 하고 있다. 포유병을 써서 처음에는 소량씩 횟수를 늘여서 주고 점차 횟수를 줄여서 양을 많게 한다. 이모유 즉 다른 어미의 젖을 포유할 경우에는 어미염소는 다른 새끼염소의 포유를 싫어하는 수가 흔히 있으므로 어미염소를 보정(保定)해 놓고 먹이며 점차 습관들이게 한다.

젖떼기 한후 새끼염소가 먹는 사료의 양은 5~6분간에 먹어치우는 양이 적당하다.

그럼 위에서 대충 기술한 것을 체계적으로 다시 설명하기로 한다.

(1) 초기육성

① 포유기(哺乳期)에서 이유(離乳) 후까지의 육성

앞에서 기술한 것과 같이 분만 후 1주일쯤 사이에 나오는 젖을 초유라고 하는데 초유는 새끼염소 태분(胎糞)의 배출을 촉진하는 완하제의 역할을 한다.

그래서 젖을 먹은지 1~2시간에서 5~6시간이면 누런색의 태분을 배출하게 된다.

포유방법에는 자연포유와 인공포유가 있다. 즉 일정기간을 어미염소와 동거시켜서 자유롭게 젖을 먹게 하는 자연포유는 포유량을 정할 수 없고 또 비유량이 얼마나 되는지도 알 수 없는 결점이 있으나 보통 이 방법이 가장 많이 행하여지고 있다.

그러나 일반적으로는 성행하지 않으며 일부 목장에서는 인공포유를 하는 곳도 있다.

자연포유의 경우 주의할 점은 비유량과 마릿수, 성별 등에 따라 조절을 잘 해야 한다. 가령 2.4ℓ 비유하는 어미염소에 새끼염소 2마리를 딸려 두면 약 3주 후에는 양이 부족되고 암수 2마일 경우에는 수컷이 더 많이 먹게 된다.

또한 4 *l* 비유하는 염소는 2~3주일 후가 되면 너무 많이 먹게 된다. 이 양의 과부족은 출생시 체중을 기록해 두었다가 증가한 체중을 보아가면서 조절하는 것이 좋다.

표준 필요량은 체중의 25%에서 시작하여 2~3주일 후에는 20%가 알맞다.

② 자연포유법(自然哺乳法)

극히 능력이 우수한 것을 제외한 일반 어미염소는 모두 새끼염소에게 포유시키므로 착유할 필요가 없으나 30일 경부터는 새끼 염소에게 어느 정도 사료를 급여하여 낮에는 어미염소와 분리시켜 그 사이에 젖을 짜 이용하고 밤에만 어미와 같이 있게 한다.

이와 같이 어미염소에 딸려 주어 자연적으로 포유시키는 방법은 새끼의 발육과 성장을 빠르게 하고 노력이 절약되므로 종축을 생산할 때에는 매우 편리하다.

결점으로는 새끼염소가 사람에게 잘 따르지 않고 어미의 능력을 알수 없으며 생산한 젖을 이용하기가 불편하다는 점이다.

새끼염소는 생후 1주일이면 어미와 함께 운동장에 내놓아 신선한 공기와 일광욕을 시키며 충분한 운동을 시킨다. 일기가 불순할 때는 피하는 것이 좋다.

2~3주일 경이 되면 사료를 조금씩 섭취하므로 건초 및 밀기울 등 질이 좋은 것을 조금씩 주다가 점차 증가시켜 준다. 곡류나 기타 알곡은 빻아서 주는 것이 좋다.

이유시기는 새끼의 건강 상태, 장래의 이용 목적 등에 따라서 다르나 보통 1~3개월 이상이면 이유시킨다. 이때에는 새끼 염소의 체중이 18kg정도 되는데 젖떼기를 할때는 갑자기 떼지 말고 점차로 행하도록 한다.

가령 처음에는 젖을 1~3회 정도 주고 다음에는 1~2회로 줄여서 젖을 주다가 며칠 지난 뒤에 완전히 젖을 뗀다.

한 동안은 어미와 새끼 상호간에 울음소리가 들리지 않는 곳에서 기르는 것이 좋다.

어미염소가 한 마리의 새끼를 낳았을 경우에는 한 쪽만을 빠는 일이 있어 유방의 모양이 나빠지므로 시간을 정하여 한 쪽 젖꼭지는 일부러 짜내어 기울지 않도록 하는 노력이 필요하다.

③ 인공포유법(人工哺乳法)

능력이 우수한 염소를 많이 이용하는 방법으로 젖을 경제적으로 이용할 수 있고 어미염소의 능력을 확실히 파악할 수 있으며 새끼염소가 사람을 잘 따르게 되고 성장 발육도 자연포유와 별 차이가 없지만 노력이 많이 든다.

이러한 방법은 다산(多産)일 경우거나 어미 염소가 폐사했을 경우 등에 이 방법을 쓰게 된다.

인공포유를 시키려면 새끼염소를 어미에게서 빨리 분리시켜야 하며 될 수 있는대로 출산 후 즉시 분리시켜서 포유하는 것이 좋다.

인공 포유상 주의할 점을 몇가지 예를 들어보면 다음과 같다.

ⓐ 초유는 반드시 먹이도록 한다. 포유시 젖의 급여는 젖을 체온 정도까지로 온도를 높여 주어야 한다.

ⓑ 찬 젖을 주면 설사의 원인이 되고 찬 젖과 더운 젖을 교대로 주면 결과는 더욱 나빠진다.

ⓒ 젖을 먹일 때 사용하는 기구는 끓인 물로 씻어서 말린 후에 사용해야 한다.

ⓓ 젖을 주는 시간은 규칙적으로 해야 한다.

ⓔ 젖을 먹일 때는 서서히 먹어야 한다.

ⓕ 찌꺼기젖이나 부패한 젖은 먹이지 말 것이며 신선한 것을 주도록 주

의해야 한다.

젖을 먹는 방법을 처음 가르칠 때는 어미염소와 격리하여 약 반나절 정도 지나서 배가 고플 때 어린아기용 포유병에 젖을 넣고 깨끗이 씻은 손으로 손가락에 젖을 조금 묻혀 그 손가락을 새끼염소의 입에 물려 젖맛을 보인 다음 젖통의 꼭지를 물린다.

젖 먹이는 시간은 가급적 횟수를 많이 하면 좋으나 노력이 들기 때문에 생후 1주일 동안은 6회, 2~3주간은 5회, 4~7주간은 4회, 8~10주간에는 3회, 그 이후부터 2회 정도로 줄여도 된다.

급여량은 체중 및 발육 상태에 따라서 차이가 있으나 보통 체중의 것은 0.7kg내외에서 시작하며 점차 증가시켜 4~6주 정도에서는 1.8kg, 8~10주까지는 위의 분량으로 계속 급여하다가 10주 후부터는 차차 줄여서 생후 13주경에는 젖떼기를 한다.

만약 탈지유를 쓸 때에는 40~60일에서 전유와 바꾸며 만약 5~6개월까지 계속 급여하면 발육이 아주 좋아진다.

표유량과 포유횟수는 새끼염소의 건강 상태에 따라서 결정한다. 만약 소화불량현상이 나타날 때는 포유량을 줄이고 건강상태나 발육이 나쁘면 오랫동안 포유시켜야 한다.

새끼염소는 3주일 경부터 사료를 섭취하므로 건초나 농후사료는 질이 좋은 것으로 주어야 하며 밀기울 같은 겨류는 더운 물에 개어서 주다가 점차 다른 사료를 배급해 주어야 한다.

생초는 갑자기 먹이면 설사를 하기 쉬우므로 서서히 생초에 길들이게 한다음 방목장을 내놓아야 한다.

참고로 염소의 위의 크기를 표시하면 다음 표와 같다.

〈염소의 위의 크기〉 (㎤)

구분 순위	제1위	제2위	제3위	제4위
출생시	50~115	9~14	3~7	250~350
생후1주	120~190	15~23	7~11	600~790
3개월	3,000~4,000	200~470	60~90	1,600~1,900
15개월	12,000~19,000	700~1,500	400~700	2,000~2,800
큰염소	15,000~25,000	1,000~2,000	500~800	2,500~3,000

2. 중염소 기르기

중염소는 생후 2~3개월 경부터 종부기(種付期)까지의 생후 1년 정도까지의 것이 해당한다. 이 시기는 그 염소 1대의 능력에 관계가 있으므로 사양관리에 주의하여 충분한 발육을 꾀하도록 노력하지 않으면 안된다.

즉 합리적으로 배합한 사료를 적정량을 주고 충분한 운동과 햇빛을 쬐어주며 기생충의 구제에 주의하는 것이다.

기생충에 대해서는 수의사나 가축병원에서 검사를 받으면 곧 알 수 있다.

생후 3~4개월의 중염소 1일분 사료는 밀기울 200g(3合) 내외, 두부비지 250g (3 슴) 내외, 물 또는 더운물에 담근 콩비지 42g (5勺) 정도, 연맥 또는 보리를 빻은 것 40g (5勺), 소금 15g (1勺) 정도를 배합한 것을 더운 물이나 찬물로 갠 것에 극히 소량의 인산, 칼슘을 첨가하여 이것을 3등분해서 준다.

간식에는 생초, 건초, 나뭇잎 등 양질의 조사료를 준다.

생후 4~5개월 이후가 되면 계류(繫留)해서 야외에 익숙해지게 기르는 것이 좋다. 이 경우 전술한 것과 같이 아침, 저녁 2회 적당히 농후사료, 식염을 보급하고 음료수를 주어야 한다.

생후 7~8개월 이후에는 밀기울 600g 정도, 콩비지 85g, 깻묵, 보리빻은 것 80g 정도를 배합하여 1일분으로 하여 3회에 나누어 준다. 식염, 인산, 칼슘의 첨가는 마찬가지이다. 또한 이밖에 채소류를 20%정도 가하면 매우 좋다.

간식(間食)으로 양질의 조사료를 주는 것은 앞의 경우와 마찬가지이지만 볏짚은 1㎝ 정도로 짧게 썰어서주고 생후 8개월 경부터 큰 염소와 같은 사료를 준다.

(1) 사양표준과 발육표준

앞에서도 언급한 바와 같이 새끼염소는 보통 2주일쯤 되면 풀이나 기타 농후사료 같은 것을 먹으려 한다.

〈염소의 인공포유에 의한 발육표준〉

	시작	1주	2주	3주	4주	5주	6주	7주	8주	9주	10주
발육체중(kg)	5.8	7.0	8.7	9.7	11.4	13.1	14.3	15.9	16.7	16.8	19.7
1일증가량(g)	17.1	17	24.3	15.7	22.9	24.3	17.1	22.9	14.0	14.0	28.1

젖을 떼지 않은 새끼염소는 특별한 사료를 마련 할 필요는 없지만 어미염소의 사료를 새끼염소가 먹게 되므로 어미염소의 사료는 질이 좋은 풀과 새끼염소가 먹게 되므로 어미염소의 사료는 질이 좋은 풀과 농후사료를 급여하여 세끼 염소가 섭취하여도 탈이 없도록 한다.

새끼 염소는 약 10일 정도 되면 뛰어 노는 운동을 즐기게 되므로 새끼 염소에게 별다른 일이 없을 때는 밖에 내어 놓는 것이 좋다.

축사에 운동장이 있을 경우에는 오름틀을 사양 마릿수에 따라 알맞게 만들어 주어 순차로 오르내리는 운동을 하게 된다.

젖을 땐 후 사료만 잘 섭취하면 체중이 눈에 뜨이게 늘어난다. 이 시기의 사료 표준 및 육성 사료는 사양 표준에 준한다.

이때의 사료는 농후 사료 위주로 질이 좋은 곡식류를 주는 것이 좋다. 또한 운동과 기생충 구제에도 유의해야 한다. 몇 개월마다 황산동 1%액을 급여하면 구충의 효과를 볼 수 있다.

기생충을 구충하지 않으면 성장과 발육이 중지하거나 심하면 폐사하는 경우도 있다.

기생충은 어미 염소에 있게 되면 새끼 염소에게도 피해를 주게 되므로 임신중인 어미 염소부터 구충을 해야 한다.

새끼 염소의 육성은 장래를 생각하는 것이므로 사료의 선택과 구충에 특히 주의하여 지니고 있는 능력을 충분히 발휘할 수 있도록 특별한 관리를 하도록 한다.

인공 포유시는 사료를 특별히 배합 관리해서 주어야 한다.

(2) 관리상의 요점

염소도 동물의 일종이므로 사람을 무서워한다든가 다른 동물에 대한 경각심을 가지고 있으므로 이러한 성질을 잘알고서 온순하고 환경에 적응할 수 있는 습관을 기르는 것이 사육자가 할 일이다.

염소는 명확한 기억력과 식별력은 있으나 판단력이 없으므로 이러한 사실을 참작해서 사육자가 주는 애정과 호의를 완전히 인식하도록 하는 것이 관리자의 할 일이며 착유시에도 필요한 요소가 된다.

또한 염소에게 이름을 지어 불러주면 이말에 습관화해서 염소도 여기에 적응하여 나중에는 울음으로 대답하기도 한다.

이렇게 해서 착유시, 사료 급여시, 운동장에 내놓을 때, 축사에 넣을 때 등의 어떠한 경우에도 부드럽게 이름을 부르면서 애무하여 준다.

또한 관리를 명확히 실행하여 관리자의 목소리나 용구의 모양 등을 익히도록 한다.

이와 같은 습관이 늘면 착유대에 올라와서 젖짜는 것을 기다리며, 사료 주는 시간이 되면 먹이를 달라고도 한다.

개를 훈련시킬 때는 간혹 꾸짖기도 하고 매질도 하지만 염소의 경우 매질이나 꾸짖는 것은 유해무익이다.

관리자 자신이 의식하지 못하는 순간 난폭한 취급을 하는수가 있는데 특히 착유시에 움직인다거나 착유된 것을 엎어뜨린다고 해서 때린다거나 또는 강제 착유 등의 행위는 극히 삼가하지 않으면 안 된다.

즉 난폭한 취급을 하는 사람이 오면 경각심을 나타내며 신경작용이나 대뇌의 조건 반사로 비유성적이 떨어지므로 주의해야 한다.

젖소의 경우는 일반적으로 숙달된 몸집이 큰 사람이 해야 하며 타인에게 맡겨서는 안 되지만 염소의 관리는 부녀자가 담당해도 된다.

(3) 하루의 관리

염소는 성질이 온순하며 사람을 잘 따르며 영리하고 기억력이 좋기 때문에 온화한 태도로 길들이면 잘 받아 주어서 관리하기가 어렵지가 않다. 관리자가 항상 규칙적으로 관리하게 되면 이에 익숙해져서 관리자와 친밀하게 된다.

그런데 염소의 하루 동안의 관리는 아침, 낮, 저녁으로 나뉘어진다.

① 아침의 관리

ⓐ 사료주기와 착유

염소는 해뜨기 1시간 전부터 사료를 찾는 습성이 있으므로 오전 4시경에 사료를 주어야 한다. 그러나 아침마다 우리에 들어갈 때는 염소에게 일정한 말을 정해서 말을 걸어 주면 염소는 그 음성을 기억하기 때문에 안정감을 가지게 된다.

사료는 농후 사료를 먼저 주게 되며 더운 물로 젖통을 씻은 뒤에 젖을 짜고 착유가 끝나면 물을 준 후 오전 7시까지 목초를 계속 급여한다.

이 시간에 특히 주의할 것은 유방을 깨끗이 할 것과 여과, 착유, 냉각, 가열, 기구씻기 등이다.

또 농후 사료는 착유와 동시에 주어도 되며 이후 물을 먹이도록 한다. 조사료는 운동장이나 방목장에서 주어도 된다.

ⓑ 운동과 솔질

여름에는 7~8시, 겨울에느 9~10시에 운동장에 매어 놓고 털과 피부를 솔질한다. 솔질 즉 빗겨 주는 것은 혈액 순환을 좋게 할 뿐만 아니라 세균, 오물 따위를 제거하기 때문에 위생적이며 또한 젖의 생산량도 많아진다.

ⓒ 염소사(축사)의 청소

깔짚은 젖은 부분만 갈아 주고 바닥은 물로 깨끗이 씻어 낸다. 대청소를 할 때는 석회, 석탄산크레졸 등으로 소독하여 깨끗이 해 준다.

이는 축사의 구조에 따라 3~7일마다 하고 콘크리트 이면 매일 물로 씻어 준다.

② **낮의 관리**

ⓐ 젖짜기

1일 3.6kg이상의 유량을 내는 염소에 한하여 12시경에 착유한다.

ⓑ 아침 사료주기와 운동

해가 지기전까지 운동장이나 방목장에서 방목한다. 여름에는 직사광선을 피하도록 그늘에 매어 두고 야초나 목초를 먹이도록 한다.

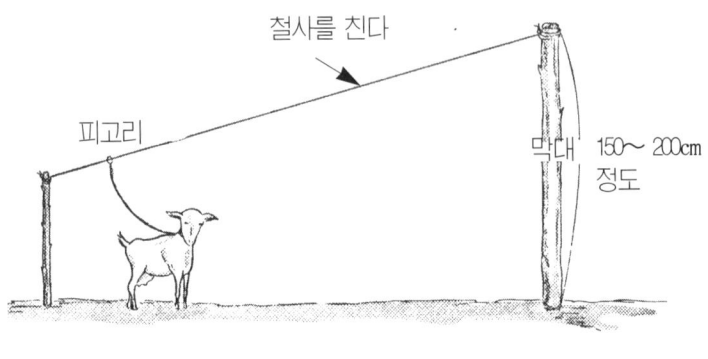

철사를 친다

피고리

막대 150~200cm 정도

〈매어 두는 법〉

염소는 1일 9시간 동안이나 채식하므로 풀을 뜯는 범위를 넓게 해 주어야 한다.

③ 저녁의 관리

ⓐ 젖짜기

오후 5~7시에 착유하는데 아침과 같은 방법으로 한다.

ⓑ 사료주기

가축은 잠자는 시간이 짧으므로 밤중에도 사료를 먹을 수 있도록 농후사료와 보충사료를 충분히 주고 물도 잊지 말고 주어야 한다. 또한 사료는 아침보다 많이 주어야 한다.

한편, 내일의 사료준비를 한다. 풀베기는 아침이 좋으나 젖은 풀에 흙이 묻을 때는 저녁 때가 좋다.

이상은 대체로 하루 동안의 관리를 시간별로 적은 것이지만 사육수가 많아지면 역시 꼭 이대로 할 수 없는 경우도 생긴다.

또 젖을 짜는데도 기계를 이용하게 됨에 따라 관리법도 달라진다.

기타 관리상의 주의점을 들어보면 다음과 같다.

첫째, 착유시에서는 유방 및 젖의 이상 유무에 유의할 것. 젖에 피가 섞일 때는 유방염의 우려가 있다.

둘째, 사료 급여시에 식용이 왕성한가, 되새김을 잘 하는가를 살펴 볼 것. 식욕이 없거나 되새김을 하지 않을 경우는 질병의 우려가 있다. 이럴 때에는 한시 바삐 발견하여 조처를 취하여야 한다.

세째, 운동장에서 이탈하지 않았는가를 확인한다. 울타리의 이상유무를 점검하고 파손된 곳이 있으면 즉시 고쳐 놓는다.

넷째, 여름과 가을에는 허리마비에 잘 걸리므로 특히 보행이나 거동을 유심히 관찰하여 이상유무를 살펴 보도록 한다.

다섯째, 봄, 여름에는 모기 파리를 구제한다. 주 1회정도로 축사, 퇴비사, 하수구에 살충제를 뿌려 둔다.

여섯째, 대변 검사를 하고 구충약을 먹이도록 한다. 이것은 연중 내내 적절히 실시하도록 한다.

일곱째, 연간 5~6회 발톱을 깍아 준다. 운동이 부족할 때는 발톱이 빨리 자라게 된다.

여덟째, 여름에는 등허리의 긴 털을 깍아 준다.

아홉째, 여름철에는 물에 씻는 습관을 기르는 것이 좋다. 물에 씻는 것을 중지하여 식욕이 감퇴하는 예가 흔히있다. 물은 그냥 끼얹으면 된다.

3. 임신 염소 기르기

임신 중의 사양관리는 모체의 건강 유지와 태아의 발육에 수반하는 영양의 공급 다시 분만 후 다량의 비유(泌乳)를 위해 중요하다.

초기에는 별로 영향이 없으나 임신일이 진행됨에 따라서 식욕이 진행되고 체중이 늘어서 털이 윤이 나 보이는 2개월반~3개월 경부터 양질의 특히 영양분이 많은 사료를 준 것과 설사의 원인이 되거나 자극이 강하여 유산을 일으킬만한 것은 주지 않도록 유의할 필요가 있다.

그러나 과도하게 농후 사료를 주면 살이 쪄서 난산(難産)하는 수도 있고 또 착유 중의 경우에는 분만 2개월 전에는 착유를 중지하여 태아의 발육과 분만 후의 비유량 증가를 도모하는 것이 중요하다.

임신 염소의 1일 1마리당 사료의 배합기준은 밀기울 600g 정도, 귀리 또는 보리 빻은 것 혹은 콩 깻묵 200g 정도, 쌀겨 120g 정도, 양질의 조사료 6~7kg, 이밖에 식염, 칼슘을 첨가한다.

분만이 다가오면 염소는 신경과민이 되므로 그 1개월전 무렵부터 축사 내를 건조·청결히 하고 여름에 서늘하게 겨울에는 따뜻하게 한다. 특히 공기의 유통을 좋게 함과 동시에 안정된 환경을 만들어 줄 필요가 있다.

한편, 임신 염소의 몸의 신진대사를 좋게 하기 위해 솔로 매일 피부를 손질을 하고 발굽은 일찌감치 깎아 둘 필요가 있다.

4. 착유(搾乳) 염소 기르기

비유량은 염소의 품종, 계통, 연령, 사양관리, 분만의 시기 등에 의해 차이가 있다. 그러나 임신중이거나 분만 직후의 사양관리 여하가 직접 비유량에 크게 관련있게 된다.

분만 때문에 피로·쇠약해진 몸이 회복됨에 따라서 나날이 비유량이 늘어나므로 영양의 공급이 필요하다.

소화가 잘 되고 단백질이 많고 지방을 지니고 있는 사료를 충분히 줄 것과 수분이 많은 사료를 주거나 따로 물을 다량으로 먹이는 주의가 중요하다. 이것이 젖을 생산하는데 있어 가장 필요한 조건이다.

비유량을 늘리는 사료는 밀기울, 귀리, 보리, 옥수수, 콩깻묵, 쌀겨, 두부비지, 전분찌꺼기, 팥고물찌꺼기, 아마인유깻묵, 근채류, 과채류, 생초, 고구마덩굴, 엔실레이지 등이다.

1일 3.7kg 비유하는 염소의 1일분 사료 급여량은 시험한 예에 의하면 다음과 같다.

쌀겨 20, 보리 20, 밀기울 20, 콩깻묵 20, 옥수수 10, 아마인유깻묵 10, 합계 100으로 배합한 사료를 1일 1kg, 이밖에 조사료로서 건초 1kg, 청초 5kg 정도이다.

한편, 가급적 여러 종류의 사료를 배합하는 것이 바람직하지만 사료를 갑자기 바꾸는 일이 없도록 유의하고 파리나 모기의 방제도 게을리 하지 않아야 한다.

5. 건유기(乾乳期)의 기르기

건유기는 염소의 휴양 시기로서 다음의 발정, 종부(種付), 수태임신, 분만, 비유, 포유의 준비 기간이고도 한다.

사료에 대한 사고방식은 일반적으로 산단하여 농후 사료의 급여량은 임신 염소의 2분의 1이하 정도로 된다. 과다한 급여와 운동부족이 겹치면 「지방과다증」이 되어 살이 쪄서 수태가 어려워지는 수가 많으므로 주의한다. 그 대신 조사료의 양을 늘여서 기르거나 방목 혹은 계목(繫牧)을 하면 좋고 경제적이다.

6. 씨염소 기르기

육성시절부터 항상 운동에 유의하여 근골(筋骨)을 발달시켜 번식에 견딜 수 있을 만한 건전한 몸을 만들어 원기있고 생식력을 강하게 기를 필요가 있다.

그러나 과다한 영향은 정욕을 감퇴시켜 수태성적을 나쁘게 하는 셈이 되므로 중육(中肉)으로 육성 사양하는 것이 중요하다.

보통 암컷의 발정·씨붙임(種付)은 가을부터 초겨울까지의 계절이며 수컷의 정욕도 이 계절에 가장 왕성하게 된다.

이 계절은 다수의 암컷에 교배를 함으로써 정력을 많이 소모하므로 이럴 때는 영양이 있는 사료를 급여할 필요가 있다.

착유 염소의 장에 기술한 것과 같이 단백질이 많고 소화가 잘 되는, 가급적 마른 사료를 골라서 준다. 수분이 너무 많은 것, 부피가 큰 것, 살찌기 쉬운 사료는 피하도록 한다.

체중 70kg 이상의 3~4세의 장령(壯齡)의 씨수컷의 1일분 사료 배합량의 1예를 들면 다음과 같다.

여름 = 밀기울 800g, 빻은 보리 500g, 쌀겨 100g

겨울 = 밀기울 800g, 콩깻묵 500g, 두부비지 600g

이밖에 조사료로서 여름에는 청초, 나뭇잎, 썰은 짚을, 겨울에는 건초, 썰은 짚, 엔실레이지를 준다.

한편, 관리상 주의하지 않으면 안 되는 것은 생후 3개월 경부터 항상 암컷과 격리해서 기르는 것으로 가급적이면 암컷이 보이지 않는 곳이 좋다. 이것은 정욕을 일으켜서 발육에 지장을 초래하지 않게 하기 위해서이다.

그럼 암수별로 그 관리법을 다시 기술하면 다음과 같다.

① 수컷의 관리

씨수컷은 염소 기르기의 기본이 되므로 혈통이 첫째 좋아야 함은 물론 사양관리를 철저히 해야 한다.

종모는 대략 7~8년까지 번식에 이용된다. 일반적으로 번식에 이용되지 않는 시기에는 냉대하고 유폐하고 수가 흔히 있으나 이렇게 하면 건강에도 좋을 뿐만 아니라 사람을 잘 따르지 않고 성질이 불량해져서 사양관리에 노력이 더들므로 주의해야 한다.

사료 관리는 휴양기에는 조사료를 본위로 하고 8월 상순부터는 발아된 보리와 비지를 겨에 배합해서 영양을 높여 준다.

10월 중순경부터 11월의 환절기에서는 식욕이 감퇴되므로 어분이나 염소 젖 또는 계란 따위를 주면 좋다.

수컷은 흔히들 체중에 의해 판단하는데 균형이 잡히지 않고 비육만 되면 보행 상태도 좋지 않고 교배시에도 곤란하며 수태율도 떨어진다.

불임증의 주된 원인은 과도한 교배에 의해서 오는 피로와 너무 살찐 것 등과 밀접한 관계가 있다.

암컷의 경우 1년생의 염소를 150마리이상, 또는 2~3년생의 염소라면 300 마리 이상을 교배시키는 무리한 예가 있었는데 적어도 1년생은 50마리 정도로, 2년생 이상의 것은 150마리 정도가 적당하다.

번식 시기에는 하루 3~5마리에 대한 교배를 연일 계속하는 경우가 있으나 이는 좋지 않은 현상이다. 이렇게 많이 필요로 할 때는 인공수정을 하여 1일 1회 정액을 채취하는 것이 좋다.

운동은 과도한 비대를 방지하고 수태율을 증가시키며 또한 사람을 잘 따르게 되어 교배시에도 난폭한 성질을 나타내지 않는다.

수컷은 운동을 자유롭게 하도록 습관을 들여야 한다.

그렇지 않고 줄에 매어 둔다거나 하면 여자는 물론 힘센 남자라도 끌고 다니기가 힘들게 된다.

따라서 운동장에 내 놓고 자유롭게 해 주며 사육자가 자주 접촉하여 손질하는 습관을 들이면 성질이 양순해지고 사육자를 잘 따른다.

② 암컷의 관리

임신한 염소의 관리와 비유에 대해서는 사료, 번식, 착유 등은 앞에서 기술한 바와 같다.

출산을 하게 되면 태아, 태수, 태반이 나와 버리는 탓으로 체중이 줄어드는 것은 당연한 일이지만 그 체중은 종축 목장과 같은 사양 관리를 이상적으로 하는 경우에도 임신 기간까지는 증체하지 않고 비유를 계속하다가 임신한 후 갑자기 체중이 늘어나서 분만 전후의 차이가 평균 10kg 이상에 이르게 된다.

우리나라 염소의 영양실조란 구체적으로 알기 쉽게 말하면 임신 기간중의 체중 증가가 적다는 것이 원인이다.

이 결과 분만 전의 질병, 사망, 유산, 사산, 분만시의 난산, 약한 새끼, 후산 증체 등의 원인이 되며 비유량도 적어지는 것이다.

따라서 체내의 영양성분의 축적이 적으므로 분만 후 사료를 충분히 급여한다고 하더라도 오히려 자신의 뼈와 살을 소모해 가면서까지 일정한 유량과 유질을 유지하는 결과로 되는 것이다.

여기서 특히 주의를 요하는 점은 겨울 동안의 영양증진에 힘을 써서 출산시키도록 할 것과 최근에는 분만기를 의식적으로 빠르게 하는 경향이 있으므로 출산 후 특히 녹사료의 준비를 해 두지 않으면 안 된다는 것이다.

다시 말하면 2~3월의 분만은 성유기가 어긋나게 됨과 동시에 비유량도 최고애 이르지 못하게 된다.

비유가 왕성하게 유지 못하는 원인에는 다음과 같은 것이 있다

① 유열, 유방암, 고창증, 설사, 허리마비 등의 질병.

② 여름철의 급격한 이상고온에서 오는 식욕부진.

③ 농번기의 노력 부족으로 풀을 적게 먹였을 때, 혹은 불규칙한 착유. 등이다.

젖염소의 적당한 환경 온도는 대략 15~20℃ 정도이므로 여름에 30℃ 이상이 되면 사료급여와 더위막기에 신경을 써야 할 것이다.

한편, 겨울철 관리는 염소는 추위에 대한 저항력이 비교적 강하여 극단적인 피해는 없으나 유량이 줄어드는 경향이 있다.

염소는 자신의 방한을 위해 몸에 솜털이 발생하고 있으나 염소사(축사)는 간단한 울타리를 만들어 주고 가능한 겨울을 위해 햇볕이 잘 드는 남향으로 짓도록 하고 내부 구조는 여름을 염두에 두어 통풍이 잘 되게 마련해야 할 것이다.

〈새끼 염소의 1일 평균 포유량〉

일령	1	2	3	4	5	6
포유량	0.60	0.63	0.67	0.71	0.76	0.79

7. 개체의 관리

염소는 원래 쾌할하고 사람에게 길들여지기가 쉽지만 일면으로는 거칠은 성질이 있으므로 평소에 난폭하게 난 다루면 따라서 난폭해져서 사람을 따르지 않고 오히려 사람을 싫어하게 된다. 특히 젖을 짤 경우 사람의 접촉을 싫어하여 착유가 어려워진다거나 유량이 즐어들거나 한다.

일반적으로 농가에서의 염소의 사양 관리나 착유 등의 일체는 마음이 부드러운 부녀자가 가장 적합하다고 할 수 있다. 필자가 항상 「염소를 기르는데 있어 중요한 점은 사랑하는데 있다」라고 말하는 것은 이러한 이유에서이다.

① 염소의 몸, 털은 신진대사에 의해 때가 생기거나 먼지, 분뇨, 흙 등으로 더러워지기가 쉽고 털갈이 계절에는 털이 빠진다. 불결하게 해 두면 가려워해서 안락한 휴양을 방해 받고 이가 생기거나 피부병을 일이키는 수도 있다.

착유 중에 젖에 먼지가 들어가거나 세균이 침입해서 유질을 나쁘게 하게 되므로 항상 청결에 유의하지 않으면 안된다.

염소의 머리, 목, 어깨, 등허리, 엉덩이, 앞다리, 가슴, 배, 뒷다리의 순으로 짚이나 쇠솔 등으로 문지른다.

이 경우 염소의 외관을 아름답게 하는 것이 목적이 아니라 사람이 목욕하는 것과 같은 효과를 기대하는 것이므로 처음에는 털의 결과 반대로 문지르는 것이 효과적이다.

② 발굽은 매일 조금씩 자라는 것이지만 운동장이나 방목지에서 매일 운동하고 있으면 마멸한다. 축사내 사육, 운동부족, 임신 중기 이후 등의 경우에는 자라서 모양이 나쁘고 심할 때는 주형(舟形)으로 되어 발굽 끝이 전방위로 뻗어나서 발뒤꿈치로 걷게 되기도 한다.

이렇게 되면 염소는 서있거나 걷기에도 불안정하게 되어 당연히 발육, 체형, 비유에도 영향을 주므로 정정가위를 써서 깍아 주도록 한다.

미리 발굽을 잘 닦고 발굽 가장자리가 지면에 잘 밟아 지도록 자라난 부분을 깍아낸다.

한편, 지각부(知覺部)까지 바싹 깍는 일이 없도록 각질 부만 깍는다. 오래 방치했기 때문에 변형했을 경우는 갑자기 고치는 것은 무리라서 피가 나오는 수도 있으므로 순차로 횟수를 거듭하면서 교정할 필요가 있다.

또 비오는 날에 하면 발굽은 습기를 띠고 부드럽게 되어 작업에 용이하게 된다. 자기가 할 수 없을 경우에는 경험 있는 사람이나 축산 관계 기술자에게 부탁하는 것이 안전하다.

8. 특수관리

(1) 제각법(除角法)

자아넨종계의 염소는 대체로 천성적으로 뿔이 없지만 때로는 뿔이 있는 것도 있다. 뿔이 있는 것은 염소가 자라남에 따라 뿔도 자라 사양관리하는 데 있어 위험을 수반하고 불편하므로 인위적으로 새끼일 때 없애 버린다.

태어난 새끼 염소가 마침내 뿔이 날 것인가 아닌가의 감별은 머리의 뿔이 나는 부분이 털이 소용돌이처럼 말려 있는데 여기를 손가락으로 만져 보아 돌기와 같은 것이 만져지면 대부분이 뿔이 난다.

제각 즉 뿔을 없애는 적기는 생후 1주일에서 2주일 정도이며 이 시기가 가장 용이하고도 안전하다. 부녀자가 기를 경우는 수의사나 유경험자에게 상의하는 것이 안전하다.

실시자를 위해 그 방법을 간단히 기술하면 우선 새끼 염소를 움직이지 않도록 고정해서 안고 뿔이 나오는 부분을 확인하고 그곳의 털을 가위로 잘라 내고 그 부분을 약간 물로 적신다. 이것은 제각을 위해 쓰는 고형 막대 모양의 가성칼리라고 하는 약이 녹아서 염소의 눈에 들어가지 않도록 하기 위해서이다.

이 가성칼리는 극약으로서 사람이 직접 손에 만지면 손이 상하며 녹아

흐른 액체가 염소의 눈에 들어가면 눈이 머는 수도 있는 위험을 수반하는 약이다.

물에 적신 제각 부분을 튼튼한 핀세트 등으로 고형의 가성칼리를 집어 뿔의 외륜선(角質部로 되는 곳)을 조심스럽게 20~30회 원형으로 문지른다.

생후 1~2개월이 지난 뿔이 2~3㎝ 정도로 자란 것일 경우는 예리한 전정(剪定)가위 등으로 뿔 밑동 부분부터 베어내고 전술한 방법으로 약을 쓰는데 극약을 쓰는 것이므로 수의사나 경험자의 지시를 받는 것이 안전하다.

그럼 위의 설명을 다시 한 번 요약해서 다른 방법도 첨가해서 기술해 보기로 한다.

뿔이 있는 염소에 대해 능력상으로 결점이 있다는 말은 근거 없는 말로서 다만 관리면에서 위험을 수반하기 때문에 제거하는 것일 뿐이다.

뿔이 해롭다는 것은 관리상의 불편은 물론이지만 여러마리를 기를 경우, 뿔을 무기로 해서 사육사에게 달려 드는 일이 있을 수 있을 뿐더러 사료 섭취시나 그 외의 활동을 할 때 장해물이 되는 수가 있기 때문이다.

또한 새끼 염소를 매매할 때 사는 사람이 싫어하는 경향도 있다.

한편, 뿔이 있는 염소는 염소다운 멋은 있으나 나쁜 점이 많으므로 뿔은 없애는 것을 원칙으로 한다.

뿔이 있는 것과 없는 것은 어릴 때부터 식별할 수 있다.

식별법은 뿔이 없을 때는 이마에 둥글게 돌출된 2개의 살멍울이 있는데 뿔이 있는 쪽은 이마가 평탄하고 뿔이 생길 부분에 적은 선모(旋毛)가 나 있고 그 중심에는 작은 살멍울이 있다.

이러한 식별법으로는 의문이 날 때는 머리꼭대기를 위로 향해 털을 물에 적시고 털을 꺼꾸로 빗어 건조시켜 보면 뿔이 없는 것은 선모 즉 가마가 나타나지 않으며 뿔이 있는 것은 선모가 나타난다.

제각할 때 염소의 뿔이 단단하므로 수술을 잘못하면 다시 돋아날 우려가 있으므로 주의해야 한다.

발육이 빠른 새끼 수컷은 이미 뿔눈이 자라는 것도 있지만 보통은 10일을 전후하여 자라게 된다.

뿔 제거는 빠를 수록 좋으므로 보통 5일 정도에서 실시한다.

미국에서는 3~5일에 없앤다고 하는데 수술할 때 특별히 허약한 놈은 고려해야 한다.

제각법이라 해도 뿔이 돋아나기 직전에 뿔세포의 성장을 저지시키는 생장중지법과 이내 뿔이 자란후 뿔을 뽑는 제각법의 2가지로 구분할 수가 있다.

〈제각법〉

앞에서 언급한 것과 같이 일반적으로는 가성칼리를 이용하는 부식법이 많이 이용되고 있으나 일부에서는 인두로 지지는 방법을 쓰는 사람도 있다.

(2) 부식법(腐蝕法)

앞에서 언급한 것과 같이 뿔눈부의 털을 둥글게 깍아 내어 물을 적신다. 다음에 그 주위에 외세린 같은 것을 발라 준다.

가성칼리를 은종이나 탈지면 등에 싸서 염소를 움직이지 못하게 붙잡고 가성칼리를 뿔눈 부분에 문질러 둔다.

이때 염소는 눈에나 코, 입 같은 곳에 가성칼리라 튀어 들어가지 못하도록 주의해야 한다.

이렇게 하면 뿔눈 부분이 보라색으로 변해 피가 맺히는데 이때 출혈을 겁내어 주위까지 완전히 문지르지 않으면 비약한 뿔이나 뿔조각 등이 자라나는 수가 있으므로 출혈이 있더라도 완전하게 해야 한다.

출혈을 하게 되면 인두를 달구어 두었다가 출혈하는 곳을 지져서 지혈시킨다.

그런 다음 탈지면으로 그 부분을 닦아 주면 되는데 2~3일이 지나면 가려운 증세가 일어나 염소가 기둥 같은 곳에 문지르면 다시 출혈이 되는데 이때에는 옥도정기 같은 약을 발라 주면 된다.

(3) 소낙법(인두질하는 법)

둥근형과 각형의 2가지 인두가 있는데 둥근 것은 5일 전후의 뿔눈이 발생하지 않는 어린 것에 사용하고 각형은 뿔이 약간 자란 것에 사용한다.

제각할 때는 화로에 인두를 오랫동안 달구고 힘을 들여서 뿔눈 부위에 인두질을 한다.

1회에 2초 정도로 잠깐씩 5~6회 한다. 도중에 출혈이 있더라도 걱정할 필요는 없다.

이때의 출혈은 부식법에 의한 출혈보다 더 빨리 완치된다.

뿔 제각은 생산지 조합이나 경영 관리자에게 전문적인 기술을 습득시킨후에 하는 것이 안전하나 처음 해 보는 사람도 과히 어렵고 위험한 일이 아니므로 세심한 주의하에 하면 되는 것이다.

(4) 거세(去勢)

수컷의 새끼 염소로서 장래 씨수컷으로 삼지 않는 한 거세하여 육용이나 가죽용으로 기르는데 거세하면 다음과 같은 효과가 있다.

첫째, 성질이 온순해져서 기르기가 용이하다.

둘째, 수컷 염소 특유의 냄새가 없어진다.

셋째, 암컷과 동거시킬 수가 있다.

넷째, 살이 잘 찌고 육질이 부드럽고 맛이 있게 된다.

거세를 하는 시기는 생후 2주일 정도일 때가 제일 좋다. 성장할 수록 시술(施術)은 번거롭게 된다. 거세에는 수술용 칼로 음낭을 잘라서 하는「관혈

법(觀血法)」과 링 등을 써서 하는 「무혈법(無血法)」이 있으나 초보자의 간편한 시술은 피하고 수의사에게 위임할 일이다.

다시 거듭 설명한다면 종축 즉 씨수컷으로 사용할 가치가 없거나 필요가 없는 놈은 번식기에 교배를 못하게 거세해 버린다.

이리하여 이러한 수컷은 생후 1~2개월에 가급적 도살하거나 매매하여 육용(또는 약용)으로 이용하는 것이 좋다.

그러나 수컷을 비육시켜 가을이나 겨울에 육용으로 이용하려면 거세를 해서 그 지역내에서는 종축으로 자격이 없는 놈이 번식에 이용되지 않도록 하는 것이 축산 경영상 유리하다.

거세를 하는 시기는 생후 2주일 정도가 적기이며 수술용구는 외과용 칼, 혹은 면도칼, 가위, 실, 소독약과 지혈제 정도를 준비한다.

이렇게 준비가 되면 거세를 시작하는데 염소도 돼재의 거새와 마찬가지로 염소를 눕혀 놓고 한 사람은 배 위에 걸터 앉아 뒷다리를 두손으로 잡고 양쪽으로 벌려 고환이 잘 보이도록 한다.

수술하는 사람은 고환을 한 손으로 세게 잡아 고환이 툭튀어 나올 정도로 팽창시킨 뒤에 소독을 하고 적당한 위치를 2~3㎝가량 절개한다.

이렇게 한 다음 고환을 꺼내어 몸에 붙은 가는 줄을 실로 잘 묶은 다음 아랫 부분을 잘라 낸다.

완전히 출혈이 끝나기를 기다려 소독약을 바르면 되는데 주의할 점은 소독의 불완전으로 인해 파상풍 같은 병이나 화농(化膿)을 유발하지 않도록 해야 하는 것이다.

외국의 경우는 이러한 거세방법을 쓰지 않고 고무밴드 같은 것으로 음낭을 꽉 매어 두면 자연적으로 위축되어 폐쇄시키는 방법도 있는데 이 방법이 한결 간단하다.

(5) 발굽 깎기

앞에서 언급한 바 있지만 다시 항을 바꾸어 거듭 설명하기로 한다.

염소를 축사에 가두어 기를 때는 2개월에 한번 정도는 발굽을 깎아 주어야 한다.

발굽이 10㎝ 이상이나 자라 위로 치켜 올라가 보행에 불편을 느낄 정도로 심한 경우가 있는데 이러한 때에 발굽 사이에 오물이 끼어 악취를 내는 것은 물론 염증을 일으킬 우려도 있는 것이다.

앞의 바닥 부분은 가위로 깎아 주고 뒤꿈치 부분은 1년에 한 번 정도 깎아 주면 된다. 나이를 먹은 염소나 수컷은 발굽이 딱딱하니 물에 불려서 깎으면 수월하다.

(6) 새끼 염소의 길들이기

염소는 새끼 때의 길들이기에 따라서 성질이 좌우되므로 잘 길들이면 여러가지 재롱을 부릴 줄 안다.

심하게 때리지 말고 화를 참고 꾸준히 인내로 잘 길들이면 매어 놓지 않아도 방목장으로 데리고 갈 수 있고 사료를 먹을 때에도 질서를 잘 지키는 것이다.

(7) 염소의 인식표(認識票)

한마리나 두 마리 정도에는 필요치가 않으나 여러 마리를 집단으로 기를 때는 관리상 인식표가 필요하다.

인식표지를 하는 방법에는 귀 안쪽에 번호 등을 도장 찍거나 목에 명찰을 달아 주는 법. 귀를 자르는 법 또는 귀에 구멍을 뚫어 명찰을 붙이는 법 등이 있다.

사육자의 편리와 착안에 따라서 하며 먹글씨를 넣을 때는 점자를 이용하고 귀에 명찰을 부착하기 위해 구멍을 낼 때는 수술 전에 완전히 소독할 것 등에 주의하도록 한다.

명찰은 대개 알미늄판을 사용하는 것이 좋다.

(8) 매어 두는 법

다른 작물에 피해를 줄 우려가 있거나 사육 마릿수가 적을 경우에 흔히 쓰는 방법으로 우리나라에서 보통 많이 이용하는 방법이다.

이 방법은 산이나 들에서 방목하는 방법만은 못하지만 염소가 즐기는 목초가 많은 곳에 매어 둘 수 있고 목초를 베어야 하는 노력이 절약되어서 좋지만 운동이 부족하다는 결점이 있다.

염소를 매어 두는 방법에는 여러가지가 있으나 대체로 2가지를 들어 보면 말뚝(계류목)을 박아 매어 두는 방법과 일정한 거리에 2개의 기둥을 세워 철사줄을 쳐서 염소를 맨 끈에 둥그란 고리를 매어 철사줄에 끼우면 이리저리 다니며 풀을 먹을 수 있다(앞에서 게시한 것 참조).

말뚝에 매는 법은 손쉬워서 좋지만 입목이 많은 곳에는 감겨서 목이 졸리는 수가 있고 풀을 섭취할 지역이 적다.

두 기둥을 이용하는 방법은 채식지역은 넓으나 설치하는데 노력이 들고 입목에는 별 장해가 없으나 양기둥에 끈이 감길 우려가 있다.

말뚝을 이용하거나 기둥을 이용하거나 매어 두었을 때는 자주 살펴 보는 섯이 현명하다.

그렇지 않으면 경사진 곳에서 미끄러져 목이 매이거나 줄이 감겨 목이 졸리어서 심하면 죽는 수도 있으므로 주의해야 한다.

9. 나쁜 버릇을 고치는 법

(1) 착유를 싫어하는 것

젖을 짜려고 하면 싫어서 도망가거나 착유통을 당겨 놓으면 차거나 몸을 전후 좌우로 움직이거나 하는 것으로서 비교적 초산일 때에 많다.

이것은 새끼 염소나 중염소 시절과 평소의 사양 관리시에 잘 애무하여 사람이 염소의 몸에 대는 습관을 게을리 했을 경우, 착유기술이 서툴을 경우, 착유 시간이 너무 길 경우 등에 원인이 있다.

항상 인내심이 강하게 적극 애무하고 조용히 재빠르게 착유하도록 노력한다.

(2) 자기의 젖을 먹는 염소

착유시에 바닥 위에 흘린 젖을 먹고 그 맛을 기억하고 시작하는 수가 많다. 그러나 착유의 태만, 급수부족 등이 가장 많은 원인이다.

이에는 길이 20cm 정도의 소독저(消毒箸)를 짜서 염소의 목 주위에 세로로 끼워 입이 자기의 유방으로 가지 못하도록 하거나 또는 튼튼한 헝겊으로 주머니를 만들어 유방을 싸서 젖을 먹지 못하도록 한다.

또는 염소의 입에 재갈을 만들어 항상 물리고 사료를 먹일 때에만 벗기도록 하는 것도 한 방법이다.

(3) 벽판(壁板)·목책을 뜯고 털을 먹는 것

주로 임신중이나 비유 중 혹은 겨울 동안에 많다. 원인은 체내에 인산 및 칼슘이 부족해졌을 경우에 많다. 또 기생충의 기생에 의한 이물기호(異物嗜好)인 경우도 있으므로 수의사 또는 유경험자에게 상담하는 것이 좋다.

(4) 사람이나 다른 염소를 받는 것

원래 온순한 성질의 가축이지만 개중에는 자기 방위를 위해 사람에게나 혹은 다른 염소를 향해 격돌한다. 특히 씨수컷, 뿔 있는 염소로서 이런 버릇이 있는 것은 왕왕 위험을 수반한다. 사슬이나 밧줄로 매어 둘 것. 평소 사람과의 친화에 인내심 있게 대하는 마음가짐이 중요하다.

제5장 염소사의 시설

농가용으로 기를 경우에는 염소사를 특별히 신축할 필요가 없이 헛간, 창고, 처마 밑 등을 이용하면 된다. 그러나 염소는 추위에는 저항력이 강하지만 더위와 습기에 대한 저항력이 비교적 약하므로 이를 고려하여 넣고 위치의 선정이나 건물의 일부이용을 연구하는 것이 중요하다.

여름에는 염소사 안에 햇빛이 직사하지 않고 서늘하며 통풍이 잘 되고 겨울에는 반대로 햇빛이 축사 안으로 직사하며 틈바람이 들지 않고 따뜻한 것이 바람직하며 배수가 잘 되는 건조한 장소가 좋다.

바닥은 빗물이나 더러운 물이 침입하지 않도록 15cm 정도 높게 하여 오줌이 흘러나가는데 적당한 물매를 만든다.

판자두르기, 콘크리트, 점코와 소석회를 섞은 흙벽돌집 등 여러가지가 있으나 콘크리트는 자연에 위배되므로 염소의 생리에서는 피하는 것이 좋다.

〈염소축사의 예〉

　면적은 1마리당 앞폭 120㎝이상, 안길이 150㎝이상만 있으면 충분하다. 네 둘레는 100㎝정도의 높이로 판자를 붙이고 정면의 앞쪽에 60㎝ 정도의 개폐 문을 밖으로 열리도록 붙여서 관리할 때나 염소의 출입구로 한다.

　또한 개폐문은 염소가 목까지 내놓을 수 있도록 목제 또는 금속 등의 막 대로 연구해서 붙이면 관리하기가 편리하다.

〈자작 만든 간소한 염소사〉

〈외국의 겅그레바닥의 예〉

또 개폐문이 아니라 전면 앞쪽으로 목까지 내밀 막대를 마련했을 경우에는 그 앞에 사료 상자(길이 60cm, 폭 30cm 깊이 25cm 정도)를 만들어 붙여 청초나 건초를 주는데 쓰고 따로 농후 사료와 음료수용 물통이나 청초나 건초를 주는데 쓰고 따로 농후 사료와 음료수용 물통이나 나무통을 부착하면 충분하다. 넓은 염소사에서는 사내에 풀시렁(통나무를 6cm정도의 간격으로 비스듬히 부착하여 위에서 조사료를 투입해 두면 염소는 밑에서 자유롭게 먹고 사료는 자연히 내려 오는 구조)을 만들면 사료를 깨끗이 유지하고 경제적이기도 하다.

지붕은 보통 외지붕이지만 지붕의 판자나 나무를 뜯는 수도 있으므로 큰 염소의 입이 닿지 않을 정도의 높이로 해 두는 것이 바람직하다. 그러나 값싸고 지구력이 있는 재료를 골라 가까이에 있는 것, 폐물이용으로 연구하면 된다.

그럼, 대체적인 개설을 이 정도로 하고 다음에는 순서를 좇아 다시 알기 쉽게 기술하고자 한다.

I. 염소축사

(1) 염소축사의 구비소건

염소사는 항상 깨끗하게 건조시켜 두는 것이 중요하다. 그러기 위해서는 채광, 통풍을 생각하고 깔짚의 교체, 염소와 내외의 청소를 항상 유의하지 않으면 안된다. 이와 같은 노력은 염소의 병을 예방하며 새끼 염소, 중염소의 보건과 발육을 좋게 한다.

또한 깔짚은 볏짚, 건초, 보릿짚, 조짚, 피짚, 낙엽 등이 많이 쓰여지지만 건조한 것을 쓴다.

〈사료상자〉

〈훈련장〉

한번 썼던 것이라도 잘 말리면 다시 이용할 수도 있으나 병든 염소에 썼던 것은 제이용을 피하여 소각하거나 묻어 버린다.

또한 깔 것은 가능한 한 많은 것이 좋다. 길이는 30cm정도가 적당하다. 너무 길면 염소의 다리에 얽혀서 불의의 사고에 연결되거나 퇴비로도 쓰기가 어렵다.

앞에서도 언급한 것과 같이 염소는 더위와 습기를 싫어하므로 염소사의 위치는 배수가 잘 되고 건조한 곳을 선택하여 남향으로 짓는 것이 좋다.

특히 염소사에는 통풍창을 많이 내어 통풍이 잘 되도록 해야하며 또 개방적이어야 한다.

염소는 추위에 강하다. 그러나 너무 추우면 폐렴과 장티푸스에 걸릴 염려가 있으므로 겨울에는 보온장치를 해주어야 한다. 특히 틈바람이 들어 오지 않도록 설계해야 한다.

① 사육사의 설계

가장 간단하고 만들기 쉬운 축사는 돈사(豚舍)와 염소 사이다.

ⓐ 위치 가급적이면 남향으로 햇볕이 잘 드는 곳이 좋으며 관리에 편리한 곳이라야 한다. 기존 건물이 있을 경우에는 약간 개조하여 이용하면 된다.

ⓑ 구조 크기는 한 마리에 4㎡ 정도면 충분하나 운동장을 부설한다면 1.2 ×1.5㎜ 정도면 된다.

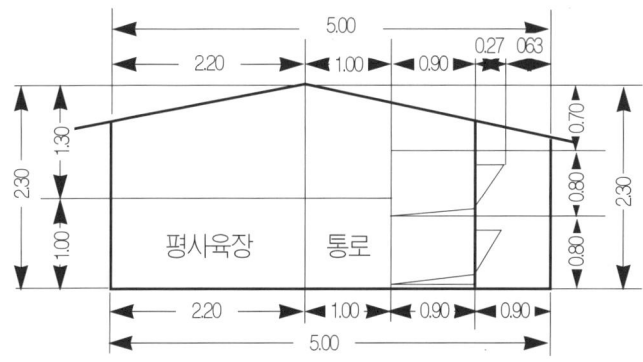

〈평면 염소사의 설계〉

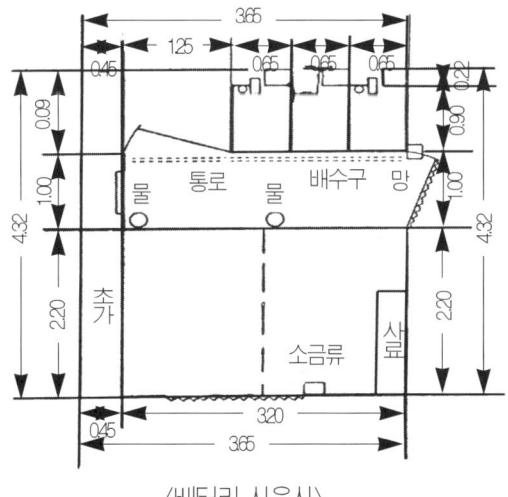

〈베터리 사육사〉

1마리의 경우라도 새끼 염소의 분만을 위해서는 4~6㎜가 있어야 한다. 가능한 한 시멘트 바닥을 까는 것이 좋다. 염소는 습기가 많은 곳을 싫어하며 높은 곳이나 바위 같은 곳을 좋아하므로 올라가 놀 수 있는 곳을 만들어 주는 것이 좋다.

ⓒ 운동장 항상 산이나 들, 밭두렁, 마당, 강가 등에 매어 두어 기를 경우는 별도로 하고 염소사의 앞이나 옆에 운동장을 마련하여 매일 자유롭게 운동시킬 필요가 있다.

운동을 위해서는 정사각형보다도 직사각형으로 마련하는 것이 효과적이다. 2마리당 15㎡ 정도가 되면 좋다.

그 한 쪽 구석에 적당한 크기의 나무로 만든 60~80㎝ 높이의 대(臺)를 설치하여 항상 자유롭게 오르내릴 수 있도록 하는 것이 바람직하다.

또한 운동장은 바깥 둘레를 1~1.2m 높이로 철망을 치거나 나무로 염소가 머리를 내밀지 못할 정도로 목책을 만들고 더운 여름의 그늘을 위해 주

〈운동장〉

위에 포도나무를 심는 것도 단순히 과실의 수확 뿐만 아니라 여름에 그늘을 만들며 낙엽은 염소의 사료로 되므로 권장한다.

한편, 목책은 염소가 탈출하지 못하도록 하지 않으면 안 된다. 염소는 목책에 몸을 문지르는 버릇이 있으므로 파손되기가 쉽다.

또한 부상을 막기 위하여 못 철사 끝부분 등은 미리 제거해 둘 것. 그래서 이따금 둘러 보며 살펴 볼 필요가 있다.

운동장, 방목장, 계류장의 분(糞)은 기생충의 매개를 하는 수가 있으므로 쓸어 버리는 것이 안전하다.

〈풀시렁〉

한편, 운동장 내의 수목은 염소에게 껍질이 뜯겨져서 말라 죽게 되므로 대나무로 둘레를 둘러쳐서 뜯어먹게 못하게 하고 먹는 물은 매일 깨끗한 물을 충분히 먹을 수 있게 해둔다.

② **입지조건** 햇볕이 충분히 들고 공기의 유통이 좋아야 하며 건조하고 온도의 변화가 적으며 견고해야 한다.

바닥은 오줌이 잘 배출될 수 있도록 시멘트로 경사지게 하는 것이 좋다. 새끼 염소사, 분만실 등에는 높이 30~40cm로 판자를 치고 분뇨에 편리하게 한다.

염소사의 내부는 여러 마리를 함께 기를 수도 있으나 독방에서 각각 기르는 것이 좋다. 그러나 건축비가 많이 들어 경제적인 난점이 있다.

천정의 높이는 2.5~3m 정도로 하고 공기유통이 잘 되어 통풍이 자유롭게 되도록 한다.

이렇게 환기를 잘 하게 함으로써 허리마비병을 예방할 수가 있다.

〈한쪽면 풀시렁〉

〈이동 풀시렁과 새끼염소 사료통(앞쪽)〉

염소를 비롯한 산양류는 깨끗한 성격의 동물이기 때문에 한번 짓밟힌 풀은 다시 먹지 않으려 하기 때문에 사내에 깨끗한 풀시렁을 만들어 주어야 한다. 또는 죽통, 물통 등을 만들어서 사료가 더러워지는 것을 막아야 한다.

〈매다는 풀시렁〉

(2) 약물 목욕장

외부기생충의 구제를 위한 시설이다. 많은 염소를 기를 경우에는 다음 그림과 같은 몰아넣기 목책을 갖춘 시멘트제의 약물 목용탕이 필요하다.

약물 목욕조는 깊이 1.4m, 위의 폭 0.6m, 길이 10m 정도의 것이 필요하다. 또 염소의 머리를 적시기 위한 약물 목욕탕용 호오스와 약물을 교반하기 위

〈약물목욕탕〉

한 교반기(攪拌器)도 준비한다.

한편, 최근 선진외국에서는 분무식 약물 목욕탕이 일반적이다. 일정한 틀 속에 염소를 몰아 넣고 상하의 파이프에서 약물을 분무(噴霧)하는 방법으로서 세차장과 같은 것이다.

적은 염소일 경우는 폴리에틸렌용기나 목욕통으로도 되며 휴대용 인력분무기를 써도 된다.

(3) 다리 목욕장

발굽썩음증을 예방을 위한 시설이다. 많은 염소일 경우는 다음 그림과 같은 시멘트제로 다리를 씻기 위한 수조(水槽) 부분을 갖춘 본격적인 것이 필요하게 된다.

그러나 적은 염소일 경우는 간단한 목제의 수조(깊이 20㎝정도)를 만들어 염소사양의 입구 등에 설치하면 좋다.

바닥에 마대(麻袋) 같은 것을 깔아 미끄러움을 방지한다.

또한 간단한 지붕을 마련하여 빗물을 막도록 한다.

〈다리목욕탕(앞쪽이 수조)〉

(4) 목책(牧柵)

염소 사양의 생활은 유목(遊牧)에서 오늘날과 같은 정착된 형태로 된 단계에서 목책이 필요하게 되었다. 「이웃들과 친하게 지내기 위해서는 목책이 필요하다」고 하는 말은 염소가 옆의 밭을 망가뜨리는 등의 사고를 방지하기 위한 교훈이라 하겠다.

목책에는 보통목책과 전기목책이 있으나 보통목책이 일반적이다.

목주(牧柱)로서는 목재, 콘크리트, 철제 등이 쓰여지지만 목재는 내용연한이 짧고 콘크리트는 취급상 문제가 있다. 또 펜스(fence : 울타리)로서는 철조망이나 철사줄(7단치기)이 사용되어 왔으나 어느 것이나 염소의 탈책(脫柵)을 완전히 막을 수는 없었다.

오늘날에는 다음 그림과 같은 철주(ㄱ자 앵글)와 네트펜스의 조합이 개발되어 겨우 이러한 고민에서 해방되게 되었다. 처음에 설치하는데 경비는 좀 들지만 10년 이상은 사용이 가능하므로 경제적이다.

한편, 전기목책은 선진 외국에서는 여러가지 형태의 것이 검토되고 있으나 우리 나라에서는 아직 염소에게까지는 보급되지 않고 있다.

〈철주와 네트펜스〉

(5) 몰아넣기 책(柵)

많은 염소를 관리할 경우 다음 그림과 같은 목제의 몰아 넣기 책을 마련하면 염소를 잡거나 선별하는데 편리하다.

적은 염소의 경우는 필요에 따라서 평책(平柵), 분만책(分娩柵) 등으로 조립해도 된다.

〈평책〉

〈분만책〉

2. 염소사의 내부시설

염소사 내부의 시설은 염소의 행동과 습성에 맞도록 해주는 것이 좋으며 또 그것이 경제적이기도 하다.

(1) 풀시렁

염소는 땅에 떨어진 풀을 좋아하지 않으므로 풀시렁에 담아서 먹게 한다. 풀시렁에는 여러가지 형태가 있으나 일반적인 것은 벽에 부착시키는 부착 풀시렁(한쪽면 풀시렁)과 이동식 풀시렁(양면 풀시렁)이다.

또 천정에 매다는 방법(매다는 풀시렁)은 깔풀이 차서 바닥면이 올라가면 위로 끌어 올릴 수가 있어 편리하다.

부착 풀시렁은 높이 60cm, 위의 폭 50cm, 경사면은 12cm 간격의 격자(格子)로 한다. 격자의 재료는 가는 원목이나 대나무가 좋지만 폴리엔틸렌과, 염화 비닐관, 철선(8번선 정도) 등이라도 좋다.

부착시키는 높이는 바닥이 지상에서 50cm 정도로 되게 한다.

이동식 풀시렁은 부착풀시렁을 2개 합친 것이라고 생각하면 되며 부착풀시렁이 부족할 경우에 쓴다.

길이는 염소떼가 단번에 나란히 먹을 수 있을 만큼 필요하다. 짧으면 약한 개체는 제대로 먹지 못하게 된다. 1마리당 큰 암컷은 40~50cm, 새끼 염소는 30cm 정도가 좋다.

(2) 사료통

농후사료, 사일레이지, 근채류(根菜類) 등을 담는다. 여러가지 모양이 있으나 이동식이 편리하다. 1마리당의 길이는 풀시렁과 마찬가지이므로 마릿수에 따라서 길이와 갯수를 조절하도록 한다.

새끼 염소의 사료통은 새끼 염소에게 연공유 및 농후사료를 급여하는데 쓴다.

바닥의 높이를 지상 20cm, 바닥 폭 15cm, 깊이 8cm로 하고 위에 횡목을 가로질러 새끼 염소가 사료통에 들어가서 더럽히는 것을 막도록 한다.

이 사료통은 염소사 또는 운동장의 중앙에 설치한다.

또 작은 통이나 상자라도 좋으나 이왕 만들려면 풀시렁 밑을 이용하여 만드는 것이 좋고 머리를 쉽게 넣을 수 있도록 간격에 유의해야 한다. 그러나 뿔이 있는 염소는 그만큼 간격을 벌려 준다.

(3) 소금대

풀에는 칼리분이 많은데 칼리분은 콩밭에서 배출될 때 나트륨(Na)까지도 배출한다. 염소에게 염화나트륨의 배출이 많기 때문이다.

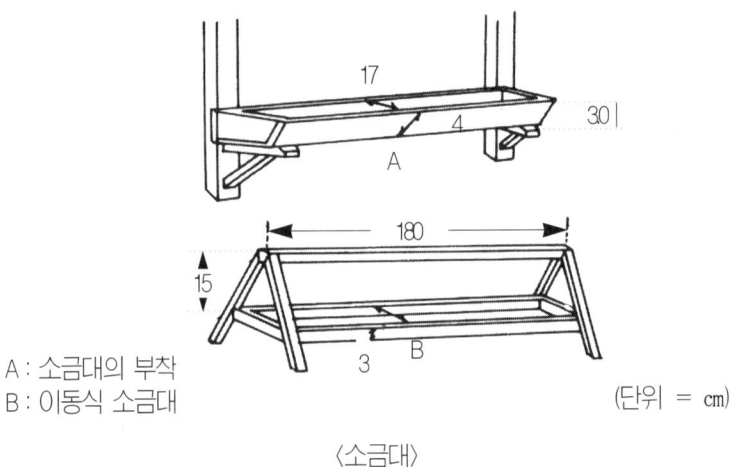

A : 소금대의 부착
B : 이동식 소금대

(단위 = cm)

〈소금대〉

그래서 소금은 농후사료에 혼합해 주어도 되지만 자유로이 먹을 수 있도록 따로 소금대를 만들어 놓고 급여해 주는 것이 좋다.

소금대는 풀시렁이나 사료통과는 떨어진 곳에 설치해 두도록 한다.

이것을 만들 때는 가로 25cm, 세로 20cm 가량의 얕은 상자를 만들어 방해되지 않는 곳에 염소의 귀 높이 정도로 달아 주든가 천정의 멱에 매달아 주면 된다.

한 곳에서 기를 때는 큰 것을 만들어 공동으로 이용하도록 한다.

(4) 급수통

여러 마리일 경우는 대형의 시멘트제나 혹은 목제가 좋지만 적은 염소일 경우는 물양동이, 큰대야, 나무통이라도 된다.

급수통은 대개 4~6 l 들이 통이면 알맞다.

(5) 착유용 기구

가정용 물통 2개 정도를 준비하면 된다.

하나는 젖을 짤 때 쓰고 다른 하나는 젖꼭지를 씻어 줄때 이용한다. 유방을 잘 닦지 않으면 세균이 젖에 들어가 산화하거나 부패한다.

착유시 성질이 사나운 놈은 뒷다리를 말뚝이나 기타 고정시킬 수 있는 곳에 매어 놓고 젖을 짜는 것이 안전하다.

(6) 청소도구

매일 또는 2~3일에 한 번 정도 청소하는 것이 좋으므로 청소에 필요한 도구(갈퀴, 대빗자루, 쓰레받이 등)를 마련해 두는 것이 좋다.

3. 기타의 기구

집에 있는 것이라도 충분하지만 참고로 기술하면 다음과 같다.

① **목걸이** : 가죽이나 천으로 만든 벨트 혹은 밴드의 폐품이용으로 족하다. 폭이 넓은 것이 좋다.

② **계목용구(繫牧用具)** : 3m 정도 길이의 밧줄이나 쇠사슬, 30~40cm 정도 길이의 철막대, 회전고리.

③ **솔(브러쉬)** : 털솔, 나무뿌리로 만든 뿌리솔.

④ **착유관** : 아가리가 넓은 것이면 집에 있는 것이라도 된다.

⑤ **풀짚 절단기** : 보통 「작두」라고도 하며 짚이나 건초를 절단하는데

쓴다.

⑥ **발톱깍기** : 과수원용의 전정가위가 편리하다.

⑦ **거세기(去勢器)** : 거세를 위한 기구로서는 칼, 고무 밴드가 있는데 면양의 전용거세기를 쓰는 것이 간단하다.

⑧ **귀표(耳標)** : 개체의 식별을 위해 연초, 번호 등을 각인(刻印)해서 귀에 장착한다.

⑨ **이표기(耳標器)** : 표장착을 위한 기구로서 이천공기(耳穿孔器), 이표고정기(耳標固定器), 이표장착겸자(耳標裝着鎌子) 등의 세트가 필요하게 된다.

솔질용 뿌리솔 고무솔

〈솔(브러쉬)〉

〈착유관〉

〈포유기(왼쪽에서 먹인다)〉

⑩ **전이기(剪耳器)** : 개체식별을 위해 정하여진 방식으로 좌우상하의 귀끝을 자른다.

⑪ **입묵기(入墨器)** : 마찬가지로 개체의 식별을 위해 귀의 안쪽에 문신

(文身)을 넣는다.

⑫ 포유기(哺乳器) : 새끼 염소를 인공포육할 때 쓴다.

적은 염소일 때는 유아용 포유병으로도 되지만 많은 염소일 경우에는 다음 그림과 같은 포유기가 편리하다. 이 경우 젖꼭지는 8㎝ 정도의 것이 좋다.

⑬ 체온계(體溫計) : 염소의 체온을 잰다. 평열은 38.5~39.5℃이다. 사람보다 높다는 것을 기억하도록.

⑭ 투약기(投藥器) : 사이다병이라도 된다.

⑮ 관장기(灌腸器) : 생후 1주 이내의 새끼 염소의 변비(便秘)에 쓴다. 주사기의 본체 부분으로도 된다.

⑯ 압정대(壓定帶) : 질탈(膣脫)을 누르기 위해 쓴다. 다음 그림과 같은 것을 자작 만들어서 둔다.

⑰ 체중계(體重計) : 칭량(稱量) 200㎏, 감량(減量) 200ℊ 정도의 가축저울이 좋다. 생체 무게는 새끼 염소를 양동이에 넣어 스프링저울(10㎏)로 측정한다.

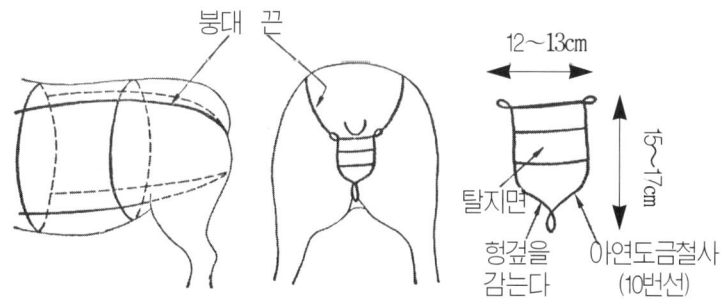

〈압정대와 염소에 장착한 상태〉

제6장 염소의 사료

I. 염소사료에 대한 지식

가축 중에서 염소는 다종 다양한 초목류, 종실류(種實類), 볏짚류, 농장잔재류(農場殘滓類), 농산가공찌꺼기류 등을 먹으며 이들 대부분이 아주 좋은 사료가 된다.

이와 같은 점이 농가용 염소로 농촌에서 환영하는 이유가 될 것이다. 그러나 염소는 신선하고도 깨끗한 것을 좋아하여 부패하거나 밟거나 한 초목의 잎이나 오물이 묻은 것 등은 먹지 않는다.

사료에 대한 결벽성(潔癖性)이 있다. 그 중에서도 초목류는 연한 것보다도 오히려 조강(粗鋼)한 것을 즐기며 풀류보다도 나무잎을 즐겨 먹는 습성이 있다.

한 가지 사료만을 매일 계속해서 주면 싫증이 나기 쉬운 성질이 있으므로 적절히 혼합을 연구할 필요가 있다.

이 경우 급격히 극단적으로 바꾸면 소화기장해의 원인이 되므로 주의하도록 한다.

특히 조사료(풀, 나뭇잎, 볏짚류 등 섬유질이 많은 사료)는 반추동물에서는 가장 중요한 필요불가결의 기초사료이다. 여기에 농후사료를 곁들이고 다시 보조사료(소금, 칼슘 등)를 보충하면 되는 것이다.

여기서 농후사료(濃厚飼料)란 흔히 말하는 기름진 먹이로서 밀기울, 쌀겨, 콩깻묵, 비지, 기타 곡식가루 등으로서 풀과 같은 조사료(粗飼料)가 아닌, 영양분이 많은 사료를 말한다.

그래서 염소의 생명유지를 위해서는 풀만으로도 사육할 수 있겠지만 염소사양에서 이익을 얻기 위해서는 아무래도 이런 기름진 농후사료를 일부 섞어 먹여야 한다.

염소 기르기를 훌륭하게 해 나가기 위해서는 올바른 사료지식을 가지고 필요하고도 충분한, 그리고 값이 싼 사료를 잘 이용해 나갈 수 있어야 한다.

그러기 위해서는 사료전반에 대한 지식을 넓혀서 합리적인 사료의 이용을 도모하는 것이 매우 중요한 문제이다.

가령, 염소가 50~60kg의 체중을 유지하고 분만을 해마다 하면서도 체중의 10~20배의 젖을 생산한다는 것은 놀랄만한 중노동이며 따라서 비유의 원천인 사료에 대해 무관심하다면 대부분의 염소는 영양실조에 걸리고 말 것이다.

따라서 생장과 성장을 뒷받침 할 만한 충분한 양의 사료를 먹여야 한다는 것은 재론할 필요조차 없다.

염소를 기르는 목적은 초소한도의 사료를 주어 최대한도의 경제효과를 바라는데 의의가 있다고 하겠다.

그런데 새끼 염소는 생후 1~3개월까지는 가장 많은 양분, 특히 단백질을 필요로 하므로 그것이 부족되지 않게 어미 염소의 사료급여에 주의해야 한다.

조사해 본 바에 의하면 가소화단백(可消化蛋白)과 전분가(澱粉價)의 비율은 1 대 5라고 한다. 그러므로 될 수 있는대로 단백질이 많이 함유된 사료를 주는 것이 좋다.

당근잎, 자운영, 고무마덩굴 같은 것은 이런 것이 많이 함유된 사료들이다.

따라서 만일 다른 풀을 줄 때에는 따로 밀기울, 콩깻묵, 쌀겨, 어분(魚粉),

비지 등과 같은 단백질이 농후한 사료를 보충해 주어야 한다.

또한 시기별로 단백질이 된 더 많이 요구되는 때가 있다.

그것은 봄, 가을의 털갈이 시기이다. 이 시기에는 더많은 양분이 소요되기 때문이다.

그리고 번식용 씨수컷도 단백질이 많이 요구된다. 정력의 소모는 역시 영양의 계속적인 공급이 뒤따르지 않으면 안 되기 때문이다.

그리고 번식용 씨수컷도 단백질이 많이 요구된다. 정력의 소모는 역시 영양의 계속적인 공급이 뒤따르지 않으면 안 되기 때문이다.

이와 같이 염소의 생육생활에는 단백질이 중요하다. 물론 이밖의 영양소도 많이 필요하다.

성장을 완전히 수행하기 위해서는 이 영양소를 고루 섭취해야 하므로 여러 종류의 사료를 섞어 주어야 한다. 이런 점에 유의하여 사료에 대한 구체적인 지식을 얻도록 해야 할 것이다.

2. 염소의 영양과 소화기관

(1) 염소의 영양

여기서 말하는 영양이란 염소의 일생을 통하여 생장, 임신, 비유 등과 소화기가 부담하는 사료섭취, 소화흡수 등의 영양생리적인 활동을 의미한다.

염소젖은 사람젖, 우유 등에 비하여 농도가 짙고 영양가가 많은 것으로서 사료 급여의 중요한 의의를 인식할 수가 있을 것이다.

〈염소의 발육 비교〉

종　류	출생시 체중	완숙 체중	완숙 90%에 달하는 연수	출생시 체중과 완숙비
젖소홀스타인	38.9kg	554.9kg	5년	약 13.6배
염소톡켄부르크	3.08kg	54.2kg	1.5〜2년	약 17.5배

위의 표를 보면 염소의 성장 발육 속도가 다른 가축에 비해 대단히 빠르다는 것을 알 수 있다.

그러므로 성장진도에 맞추어 충분한 영양을 섭취시켜야 할 것이다.

〈염소와 젖소의 체중과 유량의 비교〉

종　류	체　중	연간비유량	체중 40kg 당년유량	체중과 유량의 비교
홀스타인	550kg	8,448 l	576 l	14.4배
브리티쉬자아넨	62kg	1,396 l	84 l	22배

위의 표를 보면 비유능력의 정도에 따라 착유량에 충분한 사료를 섭취시켜야 한다는 것을 알 수 있다.

또한 염소는 한번 임신하면 기간이 5개월이 걸린다. 보봉 쌍둥이 출산이 60%나 되므로 임신의 노동을 생각하고 또 임신시기가 대개 겨울철이라는 점을 고려하여 영양이 결핍되는 일이 없도록 해야 한다.

(2) 염소의 사료섭취

염소는 부로오딩이라고 하여 높은 나무의 새순이나 잎을 즐겨 먹는다. 그러므로 잡목이 우거진 지역의 개간 예정지에 풀어두면 개간시의 노력을 덜어 주기도 한다.

염소와 면양의 채식 습성은 대조를 이루고 있다.

이와 같은 습성을 보면 염소는 연한 풀보다도 억센 나뭇잎 따위를 즐겨 먹는 습성이 있어 영양가치가 있는 나뭇잎은 얼마든지 주어도 싫증을 느끼지 않고 잘 먹는다.

염소를 방목해 보면 먹이를 섭취할 때는 배가 완전히 꽉차지 않으면 쉬었다가 혹은 잠을 잔다든가 혹은 뛰어다니다가도 또다시 먹기 시작한다.

그러나 면양은 배가 완전히 찰 때까지 먹으며 또 한가지 사료만 계속 주면 싫증을 느끼게 된다. 염소의 식성은 대단히 완고하다.

(3) 염소의 소화기관과 그 기능

염소를 비롯하여 소, 면양, 사슴 등 초식동물의 표본이라 볼 수 있다.

이들은 위가 네개씩 있는 되새김 짐승들이다. 이러한 초식동물들은 먹이에 영양소는 적고 섬유질의 함유가 많으므로 다른 농후사료나 육식을 섭취하는 동물보다 소화기관이 길어서 섬유질 요소도 완전히 소화시킬 수 있는 능력을 가지고 있다.

초식동물인 염소의 위에 대해 설명해 보면 다음과 같다.

제1위 : 커다란 혹처럼 생겼다고 해서 혹위라고도 한다.

제2위 : 가장 작은 위로서 내면의 벽이 벌집과 같이 생겨 벌집이라고도 한다.

제3위 : 안쪽에 많은 주름이 나란히 있고 겹쳐있어 주름위라고도 한다.

제4위 : 다른 동물의 위와 같은 것으로 역시 주름위라고 한다.

여기서 제4위를 제외한 다른 3개의 위는 식도에서 변한 것으로 인정되고 있다.

제일 큰 첫번째 위는 처음 먹는 물질이 들어가는 곳으로 보통 123 l 가량 들어갈 수가 있다. 초식동물은 해를 끼치는 다른 동물을 경계하여 빠른 시간에 많은 양을 먹어야 하기 때문에 염소 또한 풀이나 곡류 등을 주면 우선 마구 삼키어 이 제 1위와 제 2위에 저장된다.

이렇게 저장된 물질은 약 2시간 가량 머무는 동안에 물과 혼합되어 반죽이 되는 운동과 미생물의 작용 등으로 섬유계 탄수화물의 소화준비가 이루어진다.

이렇게 해서 덩어리가 반죽된 것을 한가한 때에 입으로 다시 토하여 씹어서(2~3분간 평균 50~60번 되새김) 제 1위나 제 2위를 거치지 않고 바로 제3위로 보내고 제 4위를 거쳐서 창자로 들어가게 된다.

이러한 되새김질은 억센 먹이에 한하며 물이나 기타 되새김을 할 필요가 없는 먹이는 제 1위나 제 2위를 거치지 않고 즉시 제3위로 들어간다.

먹은 물질은 되새김이 완전히 끝날 때까지 보통 24시간이 걸리며 어떤 것은 8일간 남아 있는 물질도 있다고 한다.

먹이를 섭취하고 배설하기 까지 빠른 것은 15~20시간, 늦은 것은 15~20일이나 걸린다는 것이다.

이와 같은 되새김(반추) 운동으로 소화작용을 한다는 것은 앞에서도 언급하였지만 소나 염소 등은 뿔이 나서 힘이 있지만 외적을 막을 만한 힘은 갖추지 못한 관계로 안전한 곳에서 빠른 시간내에 많은 양을 먹어치우고 안전하고 한가한 시간에 소화 흡수해야 하는 생리적인 본능을 가지고 있다.

같은 초식동물 중에서도 잘 뛰어다니는 말 같은 것은 위가 단위(胃)여서 돼새김을 하지 않는다.

염소는 이와 같은 특성을 가지고 있으므로 영양적인 가치만 생각하여 영양이 높은 사료를 조금만 주어도 될 것이라고 생각한다면 잘못된 생각이다.

위의 용적을 어느 정도 채워 주어야 충분한 발육과 생산력을 발휘할 수 있는 것이다.

　그렇다고 곡류로 그 양을 다 채워 준다면 경제면으로도 마이너스를 가져 오고 소화기관이 상하기 쉬운 점도 있으므로 초목을 주 사료로 하되 어느 정도 농후사료를 섞어 주는 식으로 영양관리를 해야 한다.

3. 사료의 성분

　염소를 기르기 위한 사료는 그 종류가 굉장히 많고 그 성질 특성도 가지 각색이지만 사료의 성분에 따라 분류하면 다음과 같다.

　앞에서도 언급했듯이 각종 사료의 함유 성분 가운데에서 가장 많이 필요 로 하는 주된 성분은 단백질이다.

　어미 염소의 젖 속에는 매우 많은 양의 단백질이 포함되어 있는 점으로 미루어 보더라도 젖을 먹는 새끼 염소에게는 소화가 잘 되는 단백질을 많이 공급해야 한다는 것을 알 수 있다.

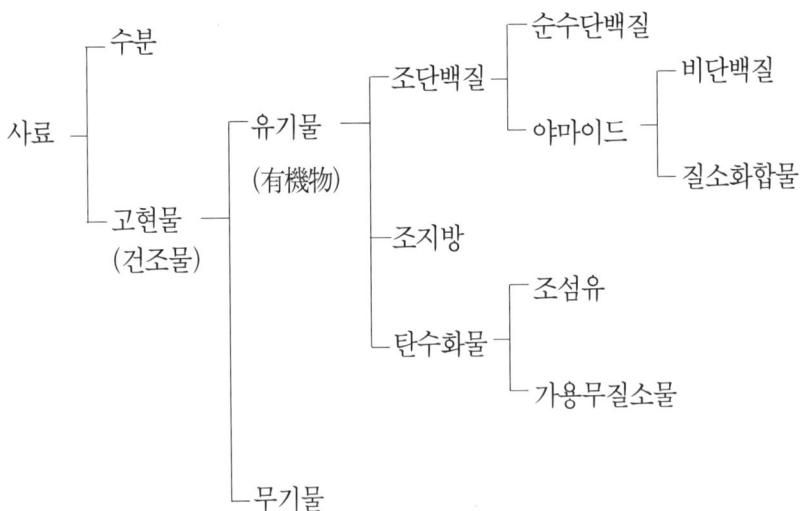

사료는 100~150℃의 온도로 건조시킬 때 증발해서 없어지는 물질을 우리는 수분이라고 하고 나머지를 건조물(乾燥物) 또는 고형물(固形物)이라고 한다.

채소나 풀, 뿌리채소 등에는 70~90%의 수분이 함유되어 있고 두부비지의 신선한 것에는 83%의 수분이 함유되어 있다.

건초(乾草), 즉 마른 풀에는 12~17%, 쌀겨에는 15%, 보리, 연맥류에는 12% 내외의 수분이 포함되고 있다.

수분의 함량은 사료가치의 판정상 중요할 뿐만 아니라 사료의 저장에도 그게 관계가 있다.

즉 건초 같은 것은 20%이상의 수분이 함유되면 퇴적저장(堆積貯機)을 하기에 적당하지가 않고 곡류나 겨류 등은 14% 이상의 수분이 있으면 부패하기가 쉽다.

(1) 단백질(蛋白質 : 흰자질)

앞에서도 언급한 바 있지만 이 단백질은 사료 중에서 가장 중요한 것이다.

단백질은 동물세포 원형질(原形質)의 주된 부분을 이루고 있으므로 생명의 유지에는 절대로 필요한 것이다.

염소의 몸도 물론 단백질이 중요한 성분이므로 근육, 가죽, 털, 피하조직 등은 거의가 단백질로 구성되어 있다.

새끼 염소의 몸도 역시 단백질이 주성분이므로 임신, 분만을 위해서는 어미 염소에게 아무래도 더 많은 양의 단백질이 필요하게 된다.

또 단백질은 조지방이나 탄수화물과 같은 다른 양분으로는 대처될 수가 없으므로 염소가 살아가기 위해서는 아무래도 일정량의 단백질 섭취가 필요하게 된다.

이 단백질은 모두 아미노산의 결합으로 되어 있으며 현재 단백질을 만드는 아미노산으로 20여 가지가 있는 것으로 밝혀졌다.

이들 아미노산의 종류와 분량 및 결합 상태에 따라서 단백질의 영양 가치에 차이가 생기게 된다.

그러므로 단일 단백질을 주는 것보다 2종류 이상의 단백질을 섞어 주는 것이 단백질의 영양가치상으로도 효과적이라는 것을 이해할 것이다.

사료 중에도 가장 많은 단백질을 함유하고 있는 것은 앞에서도 간단히 언급한 바 있지만 콩과식물의 줄기잎이다.

그리고 그 종실, 즉 알곡에도 다량으로 함유되고 있다.

또 이 경우 생장해서 커진 것보다 아직 덜 성장한 어린줄기 잎에 많이 포함되어 있다.

콩깻묵이나 기타의 깻묵류(油柏類)에도 많다. 쌀겨, 밀기울, 기타의 곡류 등에는 많지 않는 편이다.

식물성 단백질의 질소함량은 평균 16%이므로 사료의 질소량을 측정하여 이것을 6.25배로 곱한 것을 조(粗) 단백질 혹은 거칠은 단백질이라고 한다.

조단백질에는 순수한 단백질 외에 질소화합물(非 단백질 질소화합물 또는 아마이드)이 포함되어 있다.

앞에서 여러번 설명한 것과 같이 단백질은 염소 뿐만 아니라 모든 생물체 구성에 있어 가장 필요한 성분인 동시에 비육에 있어서는 특히 필요한 성분이다.

그리고 같은 단백질이라 하더라도 많은 종류의 아미노산이 포함된 것이 효과가 너 좋다.

단백질의 함유도가 많은 식물을 정리해 보면 다음과 같다.

ⓐ 야초(野草), 특히 콩과식물(여기서 콩과식물이라 함은 잎이 비교적 넓

은 식물이라고 이해하면 될 것이다. 벼과식물은 반대로 잎이 벼잎처럼 좁은 식물이라 이해하면 된다).

ⓑ 생선, 메뚜기 등의 동물질.

ⓒ 콩깻묵(大豆粕), 기타 깻묵, 삼씨깻묵, 아마 유깻묵 등.

ⓓ 밀, 귀리.

등이다. 보리나 옥수수, 수수 등의 단백질은 그다지 좋지 않은 것으로 평가되고 있다. 그리고 앞에서도 언급했듯이 쌀겨, 밀기울, 일반곡물 등은 중정도이고 채소 같은 푸성귀는 상층 부류에 속한다.

한편, 여기서 각종 모유(母乳)의 단백질 함량을 참고로 소개하기로 한다.

ⓐ 사람의 젖 1.6%

ⓑ 소의 젖 3.5%

ⓒ 말의 젖 2.0%

ⓓ 염소의 젖 4.9%

ⓔ 개의 젖 9.7%

ⓕ 토끼의 젖 15.5%

위의 예로 보아 염소의 젖 속에는 소나 말보다도 많은 단백질이 함유되고 있음을 알 수 있어 염소에게 얼마나 많은 단백질을 공급해야 하는가를 알게 되었을 것이다.

그러므로 염소의 사육에는 질이 좋은 단백질이 함유된 사료를 얼마나 값싸게 많이 급여할 수 있는가에 성공의 열쇠가 있다고 할 것이다.

(2) 지방(脂肪 : 굳기름)

지방은 탄수화물과 마찬가지로 탄소, 수소, 산소의 3원소(元素)로 이루어져 있다.

동물이 지방을 먹으면 체내에서 분해되어 열을 발생하여 체온이 유지되며 또 운동할 수 있게 된다.

이와 같이 지방은 염소에 대하여 연료의 역할을 하는 것으로서 그 발생하는 열량은 탄수화물이나 단백질의 약 2배에 해당한다. 그래서 지방질이 많은 사료를 주면 체내에 축적되어 체지방(體脂肪)이 된다.

또 지방은 체내의 열을 발생하게 함과 동시에 질병에 대한 일종의 항병소(抗病素)적인 역할도 한다. 특히 이런 면에서는 탄수화물의 2.25배의 힘을 발휘하게 하므로 효과적으로 활용할 수가 있다.

따라서 탄수화물과 같은 정도의 함유량이면 지방이 많은 것이 좋다. 그러나 그렇다고 해서 지방질을 많이 섭취하는 것이 좋다는 것은 아니다. 아무리 좋은 약이라도 지나치게 먹으면 도리어 해가 되는 이치와 같기 때문이다.

그러므로 10~20%의 지방이 함유된 해바라기씨나 30~50% 이상을 함유하는 호박씨 등은 결코 많이 주어서는 안되며 적당량을 섭취하도록 해야 한다.

한편, 지방이 많은 사료로는 콩, 해바라기씨, 호박씨, 땅콩, 유채씨, 깻묵 등이다.

(3) 탄수화물(炭水化物)

이것도 지방과 마찬가지로 탄소, 수소, 산소로 이루어지고 있다. 여기에는 종류가 굉장히 많은데 그 주된 것은 전분, 당류(糖類) 및 섬유(纖維)등이다.

이 중에서 전분과 당류를 합해서 가용무질소물(可溶無窒素物)이라 하고 있다. 양분은 주로 열량의 발생에 이용되며 사료의 양분 중에서 열량이 발생하는 것으로는 가장 저렴하게 먹일 수 있다.

전분, 당류의 열발생량은 지방의 2분의 1 정도이며 단백질과 같다. 열의 발생에 사용된 나머지 것은 체지방이 되어 체내에 축적된다.

염소의 경우 특히 3~4개월이 되었을 때는 다소 단백질이 줄어도 탄수화물은 절대로 필요하므로 당초에는 단백질에 중점을 두다가 달수(月數)가 많아짐에 따라서 중점을 탄수화물로 옮기도록 해야 한다.

이 탄수화물의 성분이 가장 많은 것이 곡물이다. 그 다음이 감자류, 겨루, 풀류인데 나무열매, 뿌리채소에도 많이 포함되어 있으므로 다소 노력이 들더라도 많이 활용토록 한다.

비육 후기에 체중이 늘어나는 것은 살(肉)이지만 탄수화물을 많이 섭취함으로써 활동에 소모된 나머지 성분이 지방으로 바뀌어 몸안에 남게 되므로 이 점을 절대로 소홀히 생각해서는 안 되는 것이다.

탄수화물은 전분(녹말), 섬유소, 포도당, 자당(蔗糖), 유당(乳糖) 등으로 다시 크게 분류할 수가 있다. 이 중 섬유소는 짚이나 불량한 건초, 잡풀, 나뭇잎 등이 많이 포함되어 있다. 소와 면양, 염소 등은 반추동물이어서 이런 억센 섬유소도 잘 소화시키곤 한다.

(4) 무기물(無機物)

이것은 무기염류(無機捻類)라고도 한다. 탄수화물, 지방 등을 유기물이라고 하는데 대한 명칭으로서 회분(灰分)또는 광물질(鑛物質 : 미네랄)이라고도 부른다.

염소의 골격 · 조직 · 기관 등에 포함되며 특히 골격의 주된 성분을 이루고 있다.

무기물 중에는 엄미리 말하면 칼리, 석회소다, 마그네슘(土), 유황, 염소, 인, 망간, 철, 규소, 옥도(沃度), 구리, 아연 등이 함유되어 있다.

이빨, 골격, 기관 외에 혈액에도 널리 분포되어 생활기능을 왕성하게 하며 새끼 염소의 성장을 촉진시키고 건강도를 향상시키는 역할을 한다.

특히 염소의 모유 중에서 다른 것보다 많은 무기물이 함유되어 있으므로 다른 가축보다 무기물 공급을 더 많이 필요로 한다.

따라서 어미 염소에게는 물론, 젖을 뗀 직후의 새끼 염소에게도 이 성분이 적은 일반 곡물이나 비지, 감자류만을 주게 되면 건강이 떨어진다.

그러므로 어떠한 경우라도 이 성분을 많이 함유하고 있는 야초, 나뭇잎을 섞어 주어야 한다는 이유가 여기에 있는 것이다.

특히 콩과식물에는 무기물 중에서도 중대한 사명을 띤 석회의 함량이 많다. 그래서 청초를 주면 특별히 회분을 첨가해 줄 필요는 없으나 소금과 같으 무기물을 사료에 함유되어있지 않으므로 이것은 따로 주도록 해야 한다.

끝으로 무기류에서 가장 중요한 소금과 칼슘에 대해 설명하기로 한다.

우선 소금은 혈액, 임파액에 함유하며 그 외에는 마그네슘, 칼리, 철, 요도 등 여러가지가 체내에서 하는 일이 다르다. 일부를 제외하고는 소량이 필요하므로 일반적으로 부족되는 경우가 드물다.

소금 : 초식동물에 특히 급여할 필요가 있으며 소금은 혈액 성분으로 중요한 요소를 이루고 있다.

염소는 생리적으로도 소금의 요구량이 많다. 소금은 오줌이나 땀의 근원인 나트륨이 함유된 것이므로 운동이나 노동을 많이 하여 땀을 많이 흘리거나 목초를 많이 섭취하는데는 필수적인 요소이다.

칼슘 : 인과 칼슘은 알맞게 평균량을 섭취해야만 하지만 보통 염소에게는 인보다 칼슘의 함량이 부족한 경우가 많다.

칼슘이 결핍되면 연골증을 유발한다.

(5) 비타민(vitamin)

지금까지 기술한 단백질, 지방, 탄수화물, 무기물 외에도 염소가 건강을 유지하고 생존해서 번식시키기 위해서는 극히 미량이지만 절대 불가결한 양분이 있다. 이것이 비타민이다. 그리고 염소에게 특히 필요로 하는 비타민은 다음과 같은 것이다.

① 비타민 A

비타민A는 비타민 중에서 성장을 빠르게 하는 요소로서 매우 중요한 역할을 한다. 그리고 병에 대한 저항력을 길러 주기도 하며 생식기의 발달도 도와 준다.

한편, 정충(精忠)의 증가와 성욕 증진에도 중요한 구실을 하고 있다. 비타민A가 많이 함유되어 있는 식물로는 호박, 채소, 황색옥수수 등이다.

② 비타민 B

비타민 B군(群)에는 B_1, B_2, B_{12} 등이 있다.

비타민 B_1은 소화 후의 분비를 돕고 식욕을 증가시키는 역할을 하며 각기(脚氣)를 예방해 주기도 한다. 그러므로 비타민 B_1이 부족하면 각기병을 유발하게 된다.

비타민 B_2는 성장을 촉진시킨다. 모유 속에 많이 함유되어 있는 것으로 알려지고 있다.

비타민 B_{12}는 악성 빈혈에 효과가 있으며 발육 촉진에 중요한 구실을 함으로써 최근 주목을 끌게 되었다.

③ 비타민 C

비타민C는 괴혈병(壞血病)의 발생을 막아 주는 것으로 알려져 있으며 건전한 정액 속에는 언제나 들어 있다.

④ 비타민 D

비타민 D는 골연화증(骨軟化症 : 뼈가 물러지는 증상)에 효과적이다. 몸 속의 엘고스테렌에 태양 자외선이 작용하여 비타민 D를 만든다고 한다. 특히 뼈와 성장을 증진시키는데 효과가 있다.

⑤ 비타민 E

비타민 E는 유산(流産)을 방지하는데 효과가 있다. 만일 수컷에 이것이 부족하면 정액 조성이 불량해진다. 그러므로 비타민 A와 더불어 수컷에는 특히 필요하다.

밀기울, 푸른 잎, 귀리 등에 많이 포함되어 있다.

⑥ 비타민 L

비타민L은 모유의 분비를 촉진시키는데 효과가 있다. 위에서 설명한 것과 같이 비타민류는 모든 동물의 생명유지에 매우 필요하지만 특히 염소의 경우 일반 청초, 즉 푸른 풀이나 채소에 많이 포함되어 있으므로 그런 사료를 항상 공급해 준다면 비타민 결핍이나 부족으로 인한 장애는 받지 않을 것이다.

그런데 겨울철에 청초류를 거의 주지 못하게 될 때는 장애가 생기는 수가 많다. 이것은 청초를 주지 않음으로써 생기는 비타민 부족 때문인 경우가 많다. 특히 알아 두어야 할 것은 이와 같은 비타민, 호르몬, 효소 등의 중요한 성분은 언제나 청초의 새순에 많이 포함되어 있는 것이다.

(6) 호르몬(hormone), 효소(酵素)

앞에서 기술한 것과 같이 호르몬, 효소 등은 청초, 채소 등의 어린 새순 끝이나 어린 나뭇잎 동물의 내장 속에 많이 포함되어 있다.

또 곡물의 씨눈에도 함유되어 있는데 극히 적은 양으로도 매우 큰 역할을 하고 있다.

호르몬은 신경이 미치지 못하는 곳에까지 작용이 잘 되어 마치 윤활유와 같은 구실을 하며 효소는 사료의 소화에는 없어서는 안될 존재이기도 하다.

특히 비타민류는 동물의 제내에 들어온 뒤에는 다른 것들과 결합해서 많은 효소를 만들게 된다.

그러므로 몸 밖에서 다량의 효소를 집어 넣으면 사료는 보다 효과적으로 활용되어 동화흡수율이 높아진다.

푸르고 신선한 풀, 야초의 연한 새순에는 단백질이 많을 뿐만 아니라 이 호르몬이나 효소가 다량으로 함유되어 있기 때문이기도 한다.

겨울철이면 몰라도 (요즘은 겨울에도 푸성귀를 구할 수 있게 되었지만) 여름철을 중심으로 해서 이 들풀이나 푸성귀의 다량 공급과 저장이 필요하게 된다.

이상으로 사료의 대체적인 성분을 기술하였다. 염소 사육에는 위와 같은 여러 성분의 양분을 고루 섞어 주는 것이 특히 비육이나 분만에서의 요령이 된다.

(7) 영양소와 에너지

단백질, 지방, 탄수화물 기타 영양소의 섭취로 체내에서 산화 연소되어 활동에 필요한 에너지를 얻게 된다.

영양소에 따라 에너지도 다르므로 영양소의 원천이 되는 사료에도 열량의 차이가 있다. 이 에너지는 영양소가 연소된 결과 발생하는 열량으로서 칼로리(cal)로 표시된다.

1cal는 물 1g을 온도 1℃ 올리는 단위로서 각 사료에 따라서 발생 열량에 차이가 있고 농후사료는 열량이 높다.

사료의 가소화성분을 알고 있으면 여기나가 41을 곱하면 유효칼로리가 산출된다.

즉 가소화단백질 4.35, 가소화지방이 9.45, 가소화 탄수화물에 4.1을 곱하면 유효칼로리가 산출된다.

가소화 성분을 모를 때 단백질 1g에 대해 41cal, 지방 9.3cal, 탄수화물 41 cal로 해서 계산하면 된다(루부나법).

4. 사료의 계산법과 사양표준

목초를 충분히 급여하면 되지만 임신중이거나 비유기에는 약간의 농후사료를 보충 급여하는 것이 좋다.

그렇다고 경제성을 고려하지 않고 비유에만 급급하면 사양유지가 곤란하게 되므로 실리를 따져 필요량만 급여하도록 한다.

한 두마리를 기를 때는 별문제이지만 대규모 사육시에는 이 문제를 심각히 다루어야 한다.

그러므로 필요한 양, 충분한 양에 대해 사료의 척도를 과학적으로 분석 표시된 것이 사양표준이다. 이 사양표준은 여러 해 전부터 연구 발표되어 양축가에게 편리를 주고 있다. 그러나 이런 사양표준은 그야말로 한 표준예에 불과하고 실제로는 각 개체별, 계절별, 환경여건별로 일정할 수는 없다는 것을 염두에 두고 다음의 표준예를 참고하기 바란다.

겨울철 사료 급여량

〈1마리 1일분 kg〉

사일레지	젖소 레이지	젖소 배합사료	귀 리	콩깻묵	건 초
① 중염소(암)	2.00	0.30	0.30	0.50	1.50
② 중염소(수)	2.00	0.15	0.15	0.04	1.50
③ 큰염소(수)	2.00	0.15	0.15	0.05	2.00
④ 큰염소(암)					
임신기	2.00	0.15	0.15		2.00
임신후기~					
수유기	2.00	0.20	0.20	0.10	2.00

주 : 임신초기 : 11~12월말
　　② 임신후 ~수유기〈授乳期 : 1~4월말〉
　　③ 사일레 지는 목초 및 옥수수

다만 여기서 이해를 구할 것은 염소에 대한 실험결과는 아직 나온 것이 없어 염소와 거의 유사한 면양에 대한 자료를 대신 소개하는 것이다. 이점 특히 양해를 바란다.

〈NRC 사양표준〉

체중	1일당 증체량	풍건사료		TDN	DCP	칼슘	인	칼로틴	비타민 A
		1두당	체중당						
kg	g	kg	%	g	g	g	g	mg	IU

주 : ① TDN : 전가소화양분(全可消化養分)〈養分總量〉
　　② DCT : 가소화조단백질(可消化粗蛋白質)

암컷(비유가 없는 기관과 임신 초기의 15주간)

50	30	1.1	2.2	600	54	3.0	2.8	1.9	1,275
60	30	1.3	2.1	720	64	3.1	2.9	2.2	1,530
70	30	1.4	2.0	770	69	3.2	3.0	2.6	1,785
80	30	1.5	1.9	820	74	3.3	3.1	3.0	2,040

암컷(임신말기의 6주간 및 새끼 1마리 포유 말기 8주간)

50	175(+45)	1.7	3.3	990	88	4.1	3.9	6.2	4,250
60	188(+45)	1.9	3.2	1,100	99	4.4	4.1	7.5	5,100
70	185(+45)	2.1	3.3	1,220	109	4.5	4.3	8.8	5,950
80	190(+45)	2.2	2.8	1,280	114	4.8	4.5	10.0	6,800
90	195(+45)	2.3	2.6						

주 : (　)내는 새끼 1마리 포유말기 8주간의 일증체량.

암컷(새끼 1마리 포유초기 8주간 및 쌍둥이 포유말기 8주간)

50	-25(+80)	2.1	4.2	1,360	130	10.9	7.8	6.2	4,250
60	-25(+80)	2.3	3.9	1,500	143	11.5	8.2	7.5	5,100
70	-25(+80)	2.5	3.6	1,630	155	12.0	8.6	8.8	5,950
80	-25(+80)	2.6	3.2	1,690	161	12.6	9.0	10.0	6,800

주 : (   )내는 쌍둥이 포유말기 8주간의 일증체량.

암컷(쌍둥이 포유초기 8주간)

50	-60	2.4	4.8	1,560	173	12.5	8.9	6.2	4,250
60	-60	2.6	4.3	1,690	187	13.0	9.4	7.5	5,100
70	-60	2.8	4.0	1,820	202	13.4	9.5	8.8	5,950
80	-60	3.0	3.7	1,950	216	14.4	10.2	10.0	6,800

체중	1일당 증체량	풍건사료		TDN	DCP	칼슘	인	칼로틴	비타민 A
		1두당	체중당						
kg	g	kg	%	g	g	g	g	mg	IU

암컷(중크기)

30	180	1.3	4.3	810	75	5.9	3.3	1.9	1,275
40	120	1.4	3.5	820	74	6.1	3.4	2.5	1,700
50	80	1.5	3.0	830	73	6.3	3.5	3.1	2,125
60	40	1.5	2.5	820	72	6.5	3.6	3.8	2,550
70	10	1.4	2.0						

수 컷

40	250	1.8	4.5	1,170	108	6.3	3.5	2.5	1,700
60	200	2.3	3.8	1,380	122	7.2	4.0	3.8	2,550
80	150	2.8	3.5	1,540	134	7.9	4.4	5.0	3,400
100	100	2.8	2.8	1,540	134	8.3	4.6	6.2	4,250
120	50	2.6	2.2	1,430	125	8.5	4.7	7.5	5,100

새끼양(비육)

30	200	1.3	4.3	830	87	4.8	3.0	1.1	765
35	220	1.4	4.0	940	94	4.8	3.0	1.3	892
40	250	1.6	4.0	1,120	107	5.0	3.1	1.5	1,020
45	250	1.7	3.8	1,190	114	5.0	3.1	1.7	1,148
50	220	1.8	3.6	1,260	121	5.0	3.1	1.9	1,275
55	200	1.9	3.5	1,330	127	5.0	3.1	2.1	1,402

새끼양(조기이유)

10	250	0.6	6.0	440	69	2.4	1.6	1.2	850
20	275	1.0	5.0	730	115	3.6	2.4	2.5	1,700
30	300	1.4	4.7	1,020	133	5.0	3.3	3.8	2,250

5. 사료의 조리(調理)

사료는 그대로 주는 것보다 조리가공하여 이용하면 효율이 더 높다.

① 잘라 주기

청초, 건초, 짚, 기타 부리 등을 잘게 썰어 주면 먹기도 쉽고 낭비가 적다. 너무 적게 썰거나 길게 썰어도 좋지 않으므로 2~3cm 정도가 적당하다.

무우, 당근 등 뿌리채소류는 1~2cm 각으로 썰어주는 것이 좋다.

② 가루로 빻아 주기

곡류 즉 옥수수나 보리와 같은 것을 그대로 주는 것보다 가루로 빻거나 혹은 눌러서 주면 소화율도 좋고 기호성이 좋으므로 가축이 즐겨 먹는다. 특히 새끼 염소의 경우는 이렇게 해서 주어야 한다.

③ 물에 담그기

껍질이 단단한 것은 물에 담갔다가 불려서 주는 것이 좋다.

그러나 염소는 깨끗한 것을 좋아하는 버릇이 있어 더러운 것은 먹지 않으므로 주의해야 한다. 그리고 너무 물렁하면 신선한 맛이 없게 되어 기호성을 잃으므로 조심해야 한다.

④ 싹 틔우기

곡류 특히 보리와 같이 껍질이 딱딱한 것은 싹을 틔워 주면 소화율도 좋고 비타민 등의 영양소가 증가하여 사료적 가치를 높여 준다.

그러나 발아시킬 때 도가 지나치면 곡류가 지니고 있는 양분을 손실하므로 적당히 싹을 틔워서 주어야 한다.

특이 이 방법은 청채사료가 부족하여 비타민 공급이 여의치 않을 때 좋다. 또한 전분이 당화되므로 어릴 때의 염소나 새끼에게 주면 좋은 효과를 얻을 수 있다.

⑤ 삶아 주기

부패하기 시작한 사료나 딱딱한 사료를 줄 때의 방법으로 기호성을 높이는데도 좋다.

그러나 단백질의 소화율이 낮아지고 비타민이 열에 의하여 파괴되어 손실되는 단점이 있다. 이러한 점에서 이용가치는 적지만 감자나 고구마 등은 삶아 주는 것이 좋다.

6. 사료의 배합

염소를 축사에서 기를 때는 영양 섭취의 가부는 일체 사육자에게 좌우되므로 영양소에 결핍이 없도록 관리를 철저히 해야 한다.

또한 계목(繫牧)할 경우나 목초의 질이 나쁘다든지 혹은 양이 적으면 보충 급여해야 한다.

사료는 배부르게 먹여야 하지만 양만으로는 충분하다고 할 수 없으므로 여기에서 사료의 관리가 필요하다.

일반적으로 유지(維持)사료라고 하는 것은 문자 그대로 몸을 유지하는데 필요한 만큼의 사료를 의미하는 것이다.

생산을 목적으로 할 때는 그 정도에 따라 증가시켜야 하는데 유지사료에 더한 것을 생산사료라고 한다.

〈표준유지 사료〉

생체중	가소화조단백	가소화탄수화물	가소화조지방
1.0kg에 대해	700 g	7,000 g	0.10 g
1.2kg에 대해	840	8.40	0.12
1.4kg에 대해	980	9.80	0.14

농후사료의 종류나 분량을 염두에 두지 않는다면 필요치 않다고 생각할 수 있으나 어떠한 종류의 사료를 급여 하더라도 계산해 보아 비슷하게 조절을 사용하여야 한다.

다시 말하면 보릿겨와 콩깻묵, 쌀겨, 통이 있다고 할 경우 어떻게 배합하면 좋을까.

사료성분표에 의해 계산해 보통 콩을 30%로 한다면 단백질은 석량이지만 지방이 많으므로 이러할 경우에는 잠두를 구입하여 콩의 양을 줄이고 잠두를 대치하면 된다.

사양표준은 1~2마리의 사육시에는 큰 소득이 생기지 않으나 사양마릿수가 많으면 효과를 볼 수가 있다.

다시 말하면 사료의 배합은 급여하는 사료의 종류에 따라 배합법이 정해지는데 염소가 즐기는 사료를 가급적 적량을 배합하는 것이 원칙이다.

즉 일반적으로는 밀기울을 주로 하여 여기에 20~30% 의 콩깻물을 가하고, 볏짚, 생초, 건초를 2cm 정도로 잘라서 섞는다.

여기에 극히 소량의 소금을 첨가하고 물이나 더운 물로 이겨서 준다. 한편, 콩깻묵을 3~4시간 더운 물이나 찬물에 담그어 주는 것이 바람직하다.

이상의 종류 외에 무우, 당근, 고구마, 기타 채소찌꺼기 등을 잘게 썰어 섞어 주면 더욱 좋다. 간식으로는 잡초, 나뭇잎, 등을 충분히 주도록 한다.

이상적인 배합사료는 밀기울 40, 보리 30, 콩깻묵 20, 쌀겨 10을 배합하고 여기에 20~30%의 비트펄프를 물에 담그어서 가한다.

다시 소량의 소금, 칼슘을 첨가하고 간식으로는 잡초, 목초, 납엽류, 근채류, 엔실레이지 등을 준다. 또 물은 매일 먹이도록 한다.

7. 사료를 주는 법

사료를 주는 법에는 시간과 횟수와 양을 정하여 주는 방법, 시간과 횟수만 정하고 충분히 먹게 하는 방법, 시간을 정하지 않고 항상 자유롭게 먹게 하는 방법 등이 있으나 다년간의 경험에 의하면 시간과 횟수를 정하여 충분히 먹이는 방법이 가장 성적이 좋았다.

또한 농후사료를 줄 때에 더운 물이나 찬물로 이겨서 주는 방법, 흐늘흐늘하게 묽게 해서 주는 방법, 혼합한 그대로 주는 방법 등이 있으나 어느 것이나 큰 차이는 없다지만 그대로 줄 경우에는 따로 물을 충분히 먹일 필요가 있다.

8. 사료의 영양가치와 청초의 채취시기

(1) 풀·나뭇잎의 채취시기

야초 즉 들풀이나 목초·나뭇잎 등의 사료는 채취하여 급여하거나 또는 겨울사료로 장만해 두기 위해 한참 때에 채취하여 두지 않으면 안된다. 그러나 이 채취시기에 대하여 일반적으로 매우 큰 잘못을 되풀이하는 수가 많다.

모든 풀이나 채소류는 이른 봄에 돋아나는 어린 싹에 단백질 함량이 많으면 섬유질도 적다. 그러므로 사료로서의 가치는 이때가 가장 효과적이다.

그러므로 채취해 두었다가 건조시켜서 먹이로 쓸 경우에 있어서도 양적으로 만족하지 말고 질적인 면을 고려하여 꽃이 피기 전이나 꽃이 피었을 때 채취하고 한여름의 채취는 되도록 유지사료에 그치는 것이 바람직하다. 실제로 한 두 가지 사료에 대해 그 채취시기별로 함유된 성분비율을 참고하길 바란다.

〈사료별 채취시기와 함유성분〉 (단위 :%)

사료별채취시기		단백질	탄수화물	지 방	섬 유	무기염류
쑥	4월 1일	35~40	20~25	5~6	10~15	10~15
	5월 1일	25~35	20~25	5~6	10~15	15~20
	6월 1일	20~45	25~30	5~6	15~20	15~20
	8월 1일	15~20	25~20	5~6	20~25	15~25
클로우버	4월 1일	20~25	30~40	4~5	10~15	10~15
	5월 1일	20~25	30~40	4~5	10~15	10~15
	6월 1일	15~20	30~40	4~5	15~20	10~15
	8월 1일	15~20	40~50	4~5	15~20	10~10
아카시아	5얼 10일	30~35	30~35	3~5	10~15	5~10
	6월 10일	25~30	25~45	3~5	10~15	10~15
	8월 10일	20~25	35~45	3~5	15~20	10~15
	10월 10일	15~20	40~45	3~5	20~25	10~15

앞의 표에서 보면 확실히 늦게 채취할 수록 성분이 나빠짐을 알 수 있다. 여기서 조사료용으로 시험한 사료는 모두 건조된 것을 사용하였다.

(2) 사료의 영양가치

동물이 먹는 사료는 소화흡수가 되어서 여러 가지 용도로 이용된다. 그러나 소화흡수되지 않는 부분은 분뇨가 되어서 몸 밖으로 배설된다.

사료의 영양가치를 알기 위해서는 그것이 어느 정도 소화되는 가를 아는 것이 매우 중요한 일이다.

① 소화율(消化率)

사료성분이 소화흡수되는 비율을 백분율(%)로 표시하는 것이 소화율이다. 사료의 소화율은 같은 사료라도 때와 경우에 따라서 크게 차이가 있다.

가령, 같은 청초라도 앞에서도 기술한 것과 같이 채취시기에 따라서도 영양분이 다를 뿐만 아니라 일찍 베어낸 것은 늦게 베어낸 것보다 소화율이 높다.

한편, 건초는 청초에 비하여 약간 떨어진다. 그러나 염소의 경우 소화는 제4위까지 있어 별문제는 되지 않는다. 게다가 연한 것보다 억센 것을 더 좋아한다.

〈면양과 집토끼와의 소화력 비교〉

풀의 종류	종 별	건 물	유기물	조단백질	조지방	조섬유	탄수화물
참억새	면양	100	100	100	100	100	100
	토끼	36	32	81	50	8	41
아카시아잎	면양	100	100	100	100	100	100
	토끼	86	86	80	77	49	95
알팔파건초	면양	100	100	100	100	100	100
	토끼	95	91	99	43	60	100
벼쭉쟁이풀	면양	100	100	100	100	100	100
	토끼	90	91	100	89	5	97

여기서 면양의 소화력을 100으로 했을 때 각종 사료에 대한 집토끼의 소화력을 비교해 보면 다음 표와 같다. 면양계통의 소화력이 얼마나 강한가를 알 수 있을 것이다.

다만 여기서 실험자료는 면양의 것 뿐이지만 염소도 비슷하게 생각하면 될 것이다.

② 영양률(營養率)

단백질은 다른 양분으로는 대용할 수 없는 귀중한 것이므로 그 적정량을 급여할 필요가 있다.

사료를 급여함에 있어서 단백질과 무질소화합물과의 함유량 비율이 영양가치에 중요한 관계를 가지고 있다. 사료 중의 단백질과 다른 무질소유기성분과의 비율을 영양률이라도 하며 다음의 식으로 표시한다.

$$영양률 = \frac{가소화조지방 \times 2.25 + 가소화가용무질소물 + 가소화조섬유}{가소화 조단백질}$$

가령, 옥수수의 영양률은 다음과 같다.

단백질 7.5%, 탄수화물 66.2%, 지방 4.0%, 조섬유 1.0% 이므로 그 영양률은 위의 공식에 의해 다음과 같이 계산할 수가 있다.

$$영양률 = \frac{4.0 \times 2.25 + 66.2 + 1.0}{7.5} = 10.2$$

즉 옥수수의 영양률은 10.2이다. 분모(分母)인 가소화 단백질이 많아서 그 수치가 2~4가 되는 것을 「좁다」고 하며 8~12가 되는 것을 「넓다」고 한다.

③ 전분가(澱粉價 : 녹말가)

단뱉질, 지방, 가용무질소물, 조섬유 등은 모두 체내에서 지방을 만들 수 있으므로 사료의 에너지를 발생하는 능력을 전분이 몸 안에서 지방을 만드는 힘으로 표시한다.

이것을 1단위로 해서 사료 중의 각 성분을 전분의 단위로 환산, 이를 합계한 것을 전분가로 한다. 전분가는 다음과 같이 계산한다.

전분가 = 가소화순수단백질 × 0.94 + 가소화가용무질소물

× 1 + 가소화조섬유 × 1 + 가소화조지방

× (1.91~2.41) × 유효율

전분가는 오래 전부터 사용되고 있어 각 사료에 대해 계산되어 왔고 서적류에도 기재되어 있으므로 그것을 이용하면 된다.

④ 양분 총량(養分總量, 總可消化養分量, 약하여 TDN이라 함)

이것은 가소화성분량의 합계량인데 지방이 발생하는 에너지가 크므로 이것을 2.25배로 해서 가소화성분과의 총화를 구한 것이다.

〈건초의 총가소화양분(TDN) 계산예〉

성 분	성분함량	소화율	가소화양분율	총가소화양분율
수분	15.03%			
조단백질	10.34	53.19%	10.34% × 53/100 = 5.45%	5.45%
조지방	2.29	65.22	2.29% × 65.02/100 = 1.49%	1.49 × 2.25 = 3.35
조섬유	28.61	50.27	28.61% × 50.27/100 = 14.38%	46.67%
가용무질소물	36.98	68.94	36.68% × 68.94/100 = 25.49%	25.49%
조회분	5.49	46.48	5.49% × 46.48/100 = 2.25%	38

다음과 같이 계산할 수가 있다.

양분총량 = 가소화조단백질 + 가소화조지방

× 2.25 + 가소화가용무질소물

+ 가소화조섬유

건초의 총가소화양분, 즉 양분총량을 계산하는 것을 표로 해서 예시하면 앞의 표와 같다.

9. 사료의 종류

(1) 야초류(野草類)

우리나라의 야초에는 벼과, 콩과, 방동산이과 및 국화과의 것이 많다. 특히 벼과는 야초의 주요 부분을 점하고 있다. 그 비율은 풀을 채취한 채취지구에 따라서 다음표와 같이 약간의 차이가 있다.

벼과와 방동산이광의 식물은 가용무질소물(可溶無窒素物)과 조섬유가 많고 콩과나 국화과의 식물은 단백질이 풍부하다.

〈야초 채취 지구별 풀류의 분포〉

채취지구	초		본		류		
	벼 과	방동산이과	콩 과	국화과	잡 초	은하류	수목류
벌판의 건초 14개소	77.4%	2.3%	3.4%	3.7%	6.2%	3.4%	3.5%
제방의 건초 5개소	79.8	2.2	1.8	3.9	11.0	1.1	-
논두렁의 건초 6개소	60.0	19.0	0.6	3.4	14.5	0.3	-

쑥, 자운영, 명아주 등은 초봄부터 늦은 봄에 걸쳐서 나는 야초이지만 일반에게는 너무 경시되고 있는 듯하다.

이것은 어느 것이나 어미 염소의 젖을 많이 분비하게 하고 성장을 촉진시켜서 젖의 분비율을 높이는 등으로 훌륭한 역할을 하는 풀로서 어미염소에도 좋고 새끼 염소에도 좋다.

특히 새끼 염소에 좋으므로 전 사료 급여량의 3분의 2이상을 주어도 무방하다. 이때 2~3종 이상을 혼합해서 준다면 더욱 좋다.

민들레, 별꽃, 엉겅퀴 등도 누구나 다 잘 아는 봄의 야초이지만 이것 역시 등한시되고 있는 것이 일반적이다. 이것도 역시 모유의 분비를 많게 하고 비육을 촉진시키는 등의 훌륭한 사료이므로 충분히 활용하도록 한다.

질경이, 떡쑥, 지칭개 따위도 염소가 잘 먹는 야초로서 역시 초봄이면 돋아난다. 이것들은 전 사료량의 3분의 1정도까지 사용해도 된다.

그러나 질경이는 원래 염소가 매우 즐기는 풀이라서 얼마든지 먹지만 너무 배불리 먹이면 설사기가 나기 쉬우므로 급여량의 3분의 1정도로 주는 것이 좋다.

클로버, 새완두, 살갈퀴 따위는 콩과식물의 특징인 단백질이 특히 많고 또 가소화분도 그 율이 높아 염소가 아주 좋아하므로 많이 이용하도록 한다.

특히 클로버는 그것만을 몇달씩 계속 먹여도 싫증을 내지 않는 풀이지만 반드시 어느 풀 한 가지만 먹이는 일이 없도록 하고 다른 영양사료와 섞어 먹이도록 해야 한다.

냉이, 도꼬마리, 쇠비름, 미나리, 개미나리 따위는 초봄부터 가을에 걸쳐 나는 풀이지만 냉이, 도꼬카리, 미나리 따위는 사람도 식용으로 쓰는 것이므로 염소에게까지 먹이로 쓰기는 힘들다.

그러나 주기만 하면 매우 즐겨 먹으며 또 양분도 많으므로 사정이 허락한다면 전 사료의 2분의 1 정도까지는 주어도 된다.

쇠비름은 염소가 그다지 좋아하는 풀은 아니지만 여름철에 더위로 헐떡거릴 때 이 풀을 주면 이상하게도 잘 먹는 것을 볼 수 있다. 개미나리는 약간 그늘에 말려 물고기를 뺀다음에 주어야 한다.

피, 개피름, 쇠무릎, 닭이장풀 따위도 봄부터 가을에 걸쳐 무성하게 자라는 풀이다. 특히 논에 잘 나는 피는 그 열매가 달린 이삭을 잘라 먹이면 아주 잘 먹는 사료이므로 이것이 나오는 한 여름에는 염소에게 더 없이 훌륭한 진미의 먹이가 된다.

개비름, 냉이도 잘 먹으며 쇠비름도 역시 잘 먹지만 이것은 성장하면 다소 싫어한다. 개비름, 피 따위는 풀 급여량의 3분의 2 이내로 주고 다른 풀은

3분의 1 이내로 주는 것이 적당하다.

돼지감자, 칡, 쇠귀나물 따위도 염소가 즐겨 먹는 사료로서 양분도 적지 않고 소화도 잘 된다.

특히 칡은 완전에 가까운 사료이다. 돼지감자, 왕마 등은 약간만, 칡 잎은 전초량의 3분의 1에서 3분의 2까지 주어도 된다. 다만 가을철의 잎은 3분의 1 내외로 주도록 한다.

위에서 열거한 것 이외에도 염소사료로 사용할 수 있는 야초는 얼마든지 있다. 봄의 벌판에 한결 아름다움을 돋구어 주는 쇠뜨기도 훌륭한 염소사료이고 산나물로 유명한 고비, 고사리 따위도 고급사료 중의 하나이다. 이들은 전초량의 3분의 1 내외까지 주어도 된다.

또 엘레지, 마 따위는 일종의 염소용 약초라 할 수 있어 강판에 갈아 반죽된 사료에 조금씩 섞어 주면 좋다. 다만 이것은 그 양을 많이 주면 오히려 좋지가 않다.

그리고 가을 벌판에 누런 잎을 흔들거리는 율무 열매도 매우 우수한 먹이 중의 하나이다. 이것은 일반 곡물보다 뛰어난 효과가 있으므로 조금씩 장기간에 걸쳐 계속 병용하면 매우 큰 효과를 얻을 수 있다.

다음표에 여러가지 약초의 성분을 게시하였다.

참고로 염소가 좋아하는 야초와 나뭇잎 등을 열거하면 다음과 같다.

그 지방 실정에 알맞는 약초를 선택하여 급여할 일이지만 가급적이면 초지를 개량해서 염소에게 적합한 야초를 무성히 자리게 할 필요가 있다.

<아초류의 성분표>　　　　　　　　　　　(단위 : %)

구 분	단백질	탄수화물	지 방	섬 유	무기물	평 점
명아주	4~5	4~5	-	-	1~2	100
쑥	4~5	10~13	1~2	-	1~2	100
자운영	3~4	9~10	-	-	1~2	100
민들레	2~3	7~8	-	-	1~2	100
엉겅퀴	2~3	4~6	-	-	1~2	95
별꽃	2~3	4~5	-	-	약간	95
질경이	1~2	8~10	-	-	1~2	95
냉이	7~8	4~5	-	-	1~2	95
떡쑥	1~2	2~3	1~2	-	1~2	80
지칭개	2~3	-	-	-	1~2	80
방가지동	2~3	3~5	1~2	1~2	1~2	100
꽃따지	2~3	4~5	-	1~2	1~2	80
도꼬마리	3~4	-	-	~	1~2	80
클로우버	4~5	0~13	-	-	1~2	100
새완두	3~4	10~18	-	-	2~3	90
살갈키	3~4	8~10	-	-	1~2	90
쇠비름	1~2	-	-	-	1~2	80
개비름	2~3	4~5	-	-	1~2	90
개미나리	1~2	3~5	-	-	1~2	80
미나리	1~2	4~5	-	-	1~2	80
피	3~4	10~20	-	-	2~3	90
칡	4~5	10~20	-	6~7	2~3	90
돼지감자	1~2	15~20	-	-	1~2	90
율무	10~13	60~70	4~5	-	1~2	100
고사리	2~3	5~6	-	-	1~2	90
번행초	1~2	5~8	-	-	1~2	80
고비	1~2	7~10	-	-	1~2	80

닭의장풀	1~2	4~5	-	-	1~2	80
쇠귀나물	3~4	20~35	-	-	1~2	100
마	3~4	15~20	-	-	1~2	100
잔디	4~5	3~4	-	1~2	약간	100
엘레지	3~4	4~5	-	-	약간	100
왕마	5~10	15~20	-	-	약간	80
산나리	8~10	15~20	-	-	약간	100

〈야초류〉

칡, 싸리, 개자리, 등갈퀴덩굴, 여우팥, 매듭풀, 새완두, 참억새, 쑥, 띠, 섬띠, 민들레, 질경이, 호장근, 명아주, 별꽃, 개물깜싸리, 들잔디, 미꾸리꿰미, 육절보리풀, 수크령, 개밀, 차풀, 자귀풀, 왕원추리, 고사리, 이질풀 등이다.

여기서 칡, 싸리류, 등갈퀴덩굴, 매듭풀, 새완두, 착억새, 띠, 호장근, 고사리 등은 엔실레이지에도 적합하며 이 질풀은 위장약으로 쓰여져 보건상으로도 좋다. 또 생초이든 건초이든 설사멈춤에는 효과적이다.

〈나무류〉

감나무, 밤나무, 뽕나무, 아카시아, 너도밤나무, 졸참나무, 상수리나무, 떡갈나무, 포도나무, 녹니무, 소나무, 삼나무, 버드나무, 자작나무, 포플라, 오리나무, 느티나무, 팽나무, 느릅나무, 무화과나무, 배나무, 사과나무, 황매화, 벚나무, 개아그배나무, 귤나무, 단풍나무, 대추나무, 차나무, 동백나무, 당오갈피나무, 등나무 등이다.

그런데 이들 나뭇잎이나 줄기는 봄부터 가을까지는 생것으로 주는 것이 좋다.

또 8월 하순 내지 9월 상순에 채취하여 이른바 「청건(淸乾)」으로 해서 저장하면 이상적인 사료로 되지만 가을에 낙엽진 것을 모아서 저장하여 겨울철의 초사료로 하는 것도 좋다.

또 감나무, 밤나무, 떡갈나무 등의 줄기잎은 타닌(독 Tannin)을 함유하므로 염소가 설사했을 때에 주면 설사멎이로서 효과적이다.

(2) 유독식물(有毒植物)

야초류를 비롯한 식물 중에는 그 성분 속에 독성이 있거나 강한 자극성이 있는 식물이 있다. 이런 것은 미리 잘 알아서 절대로 먹이로 주어서는 안 된다.

가령 고추나 생강 따위는 사람에게 있어서는 단순한 향신료(香辛料) 밖에 되지 않지만 이것을 염소가 먹으면 유독작용을 나타내는 경우가 적지 않다.

저항력이 강한 염소이긴 하지만 사료를 급여하거나 채취 할 때는 특히 주의해야 한다는 것을 거듭 강조하고자 한다.

염소를 비롯한 일반가축에게 해가 되는 식물을 살펴 보면 다음과 같다.

〈독초류〉

자리공, 독무릇, 미나리아재비풀, 젖가락풀, 박꽃, 개구리자리풀, 애기똥, 풀미나리, 독미나리, 흰독말풀, 등대풀, 점백이천남성, 독공목, 광대버섯, 파리버섯, 달빛버섯, 감자순, 양귀비, 옻나무, 나팔꽃, 쥐손이풀, 은방울꽃, 족도리풀, 박새, 여로, 며느리주머니, 할미꽃, 노랑매미꽃, 큰초롱(새박풀), 비꽃풀, 마취목, 석산꽃풀, 랑매미꽃, 큰초롱(새박풀), 비꽃풀, 마취목, 석산꽃풀, 디기탈리스, 참으아리, 수선화, 독무릇, 독꽈리 등이다.

생강(잎만 약간 주는 것은 무방하다), 파(잎만 약간 주는 것은 무방하다), 여귀류, 후추류, 여름무우(잎만 약간 주는 것은 무방하다), 부추(잎만 약간 주는 것은 무방하다), 마늘(잎만 약간 주는 것은 무방하다. 또한 냄새만 약간 날 정도로 마늘을 주는 것은 오히려 좋을 때가 있다. 그러나 초보자는 주지 않는 것이 무난하다), 고추, 양파, 박하, 고추냉이 등은 주지 않도록 한다.

이상에 열거한 것과 같은 독초류가 있으므로 사료로 이용할 때는 주의하지 않으면 그 속에 독초가 들어 있는 수가 있다.

염소는 좋아하는 풀을 골라서 먹음과 동시에 독이 있는 풀은 본능적으로 먹지 않는 성질이 있는 것이 보통이므로 중독이 되는 비율은 비교적 적다.

그러나 독초 중에는 특히 맹렬한 독성을 발휘하는 것이 있으므로 극력 주의하지 않으면 안 된다.

이 밖에 병균에 침해된 사료나 보리의 맥각병(맥角病), 녹병, 고구마의 흑반병이든 것도 독성이 있으므로 주지 말아야 한다.

한편, 유독식물에 의해 중독증상이 나타나는 주된 것을 열거하면 다음과 같다.

구토, 설사, 복통, 현기증, 경련, 전신마비, 혼수(昏睡), 동공산대(瞳孔散大), 맥박이 강해지거나 약해지는 것, 호흡마비, 지각마비, 정신착란, 출혈성설사, 피오줌, 피부병 등이다.

(3) 목초류(牧草類)

목초란 원래 야초 중에서 선발하여 개량되어진 것이지만 야초에 비하면 다음과 같은 우수한 특성을 지니고 있다. 즉, 가축이 즐겨 먹을 수 있는 영양분을 많이 포함하고 있고 재생력이 강하여 몇 번이고 베어낼 수가 있다. 또 비료를 주면 다수확재배가 가능하다.

그러나 우리나라의 경우 염소사육을 위해 목초의 초지조성을 하고 있는 예는 아직 드물다. 그러나 약간의 공간이라도 얻을 수 있다면 거기에 목초를 재배하여 몇 번이고 풋베기를 하고 이어짓기로 목초재배를 계속하면 염소 사육의 경영을 안정시킬 수가 있는 것이다.

목초에는 대체로 콩과에 속하는 것과 벼과에 속하는 것이 있는데 염소의 사료로는 벼과에 속하는 것이 훨씬 적합하다. 왜냐하면 염소는 반추동물이라서 부드러운 사료보다도 오히려 딱딱하고 굳센 섬유질이 많은 사료를 더 좋아하기 때문이다.

이리하여 조사료는 특히 섬유질이 많은 벼과식물은 반추동물인 염소에게는 가장 중요한 빠뜨릴 수 없는 기초사료라고 할 수 있다.

그러나 콩과 목초는 벼과 목초처럼 섬유질이 많지 않고 억세지 않을 뿐더러 단백질이 건초의 경우 20% 이상이나 포함되어 있어 밀기울과 비슷한 영양분을 함유하고 있다.

<풋베기 목초의 성분표>　　　　　　(단위 : %)

구　분	단백질	가용물질 홋소물	지　방	섬　유	무기물	평점
백색클로우버	3~4	7~9	약간	5~6	2~3	100
적색클로우버	3~4	9~10	약간	5~6	1~2	100
알팔파	4~5	10~15	약간	10~15	2~3	90
위켄	4~5	8~10	약간	5~10	2~3	100
베찌	4~5	8~10	약간	5~10	2~3	100
티모시	2~3	15~20	약간	10~15	2~3	100
오오차아드	3~4	17~20	약간	9~13	2~3	85
풋베기콩	4~5	9~12	약간	6~10	2~3	100
자운영	3~4	5~8	약간	5~7	1~2	100
풋베기잠두	3~4	5~10	약간	3~5	1~2	100
풋베기완두	3~4	5~10	약간	5~7	1~2	100
풋베기보리	3~4	11~15	약간	6~10	2~3	85
풋베기귀리	2~3	11~15	약간	8~10	1~2	85
풋해바라기	4~5	11~15	약간	5~8	2~3	95
풋베기옥수수	1~2	8~10	약간	5~10	1~2	85

각종 목초와 성분은 위 표와 같다. 이 표는 풋베기(靑刈)를 했을 때의 조사 결과이다.

이 밖에는 각종 사료의 특성을 후술할 때 각종 목초의 특성을 기술하기로 한다.

그런데 목초의 종류에 따라서는 10α당 10,000kg의 수확을 올릴 수도 있고 해바리기도 풋베기를 목적으로 재배한다면 350~750kg의 수확을 할 수도 있다.

(4) 풋베기 작물(靑刈作物)

줄기나 잎의 재배시 사료를 목적으로 재배되는 곡식 작물을 말하며 열매가 성숙되기 전에 베어내어 목초와 마찬가지로 이용한다.

① 벼과 작물(米科作物)

보리, 밀, 호밀, 귀리 등은 가을에 파종하여 이듬해 봄에 풋베기로 채취할 수가 있다.

특히 호밀은 9월경에 파종해 두면 한번 정도 연내에 베어낼 수가 있고 이듬해 봄에 다시 2~3회 베어낼 수가 있다.

② 콩과작물(豆科作物)

풋베기콩, 이것도 뽕밭 사이 짓기 기타 등으로 재배하며, 개화 전후에 베어내며 단백질이 많아 매우 좋은 사료가 된다. 풋콩을 채취할 성우에도 그 잎은 사료용으로 쓸 수가 있다.

③ 국화과 작물(菊化科作物)

ⓐ 가축용 해바라기 : 풋베기용으로서 줄기, 잎과 함께 이용할 수가 있고 또 그 씨도 좋은 사료가 된다. 씨속의 알맹이를 빼어낸 깍지도 잘게 썰어서 주면 먹는다.

다소 딱딱한 줄기라도 풀시렁에 넣어 주면 곧잘 먹는다. 종자가 여물면 채취하여 2~3일 말린 다음에 저장한다.

종자에는 지방이 많고 영양가치도 높다.

ⓑ 돼지감자 : 밭에 재배하기보다 휴무지나 똑같은 이용가치가 적은 곳에 씨감자를 심어 두어 거름을 잘 주면 점점 번식하게 된다.

밭에 재배하면 너무 퍼져서 처리하기가 어려울 정도로 된다. 줄기가 50~80cm 정도로 자랐으면 점차 베어내어 급여하도록 한다. 군데군데 베지 않고 남겨 두면 그것도 명년에 돋아날 근원이 된다.

(5) 나뭇잎

나뭇잎도 아주 훌륭한 염소 사료가 된다. 특히 염소는 풀류보다도 나뭇잎을 더 즐겨 먹는 습성이 있다. 이 중에서 전국 도처의 제방이나 가로수로도 널리 심어지고 있는 아카시아잎을 아주 잘 먹는다.

아카시아 나뭇잎은 염소의 기호식물이지만 그 영양가도 나무랄 데가 없다. 건조된 아카시아 나뭇잎에는 단백질이 30%이상이나 함유되어 있어 콩과 작물과 비슷한 영양분을 가지고 있다.

구기자 나무도 원래는 구황식물(救荒植物)의 하나로서 매우 연한 잎을 가지고 있고 양분도 많아 역시 염소의 기호식물이다.

오가나무(아칸더스), 두릅나무도 매우 훌륭하지만 그 양이 흔하지 않는 것이 흠이다.

싸리나무도 양분이 많은 잎을 지닌 관목이다. 가을에 채취할 수 있는것 중에서는 염소에게 더없이 좋은 사료가 된다.

버드나무, 단풍나무, 등나무의 잎안 새순도 역시 염소가 좋아하는 사료이다. 여기에는 단백질도 많고 소화도 잘 되어 자귀나무잎과 함께 매우 즐겨 먹는 사료이다.

식나무(참식나무), 칠엽수, 포플라, 너도밤나무의 나뭇잎도 주면 잘 먹는다. 그러나 이 종류의 나뭇잎은 염소의 먹이로는 그다지 권장할 수가 없다.

왜냐 하면 염소들이 먹기는 잘 하지만 단백질이 적은 탓으로 좋은 사료라고 할 수 없기 때문이다.

솔잎과 대나무잎도 잘 먹긴 하지만 비육에는 효과가 별로 좋지 않다. 그러므로 이런 것은 특수사료로 이용해야 한다.

가령, 설사를 하는 염소에게 대나무잎을 먹인다거나 염소의 강정제(強精劑)로서 솔잎을 가끔 조금씩 준다거나 혹은 다른 사료가 부족할 때 최악의 기아를 막기 위해서 쓰는 방법으로 이용하는 정도로 그쳐야 한다.

염소사료로 흔히 쓰이는 나뭇잎의 성분을 살펴 보면 다음표와 같다.

〈사료용 나뭇잎의 성분표〉 (단위 : %)

구 분	단백질	가용무질소물	지 방	섬 유	무기물	평점
아카시아	6~8	14~20	1~2	5~8	2~3	100
싸리(적색)	4~5	13~15	1~2	5~8	2~3	90
싸리(백색)	5~6	10~15	1~2	5~8	2~3	100
구기자나무	5~6	8~10	약간	3~5	2~3	100
단풍나무	12~15	50~60	4~5	20~25	7~10	70
버드나무	20~25	40~50	4~5	17~20	7~10	50
등나무	20~25	40~50	2~3	20~25	7~10	65
자귀나무	12~15	40~50	2~3	15~20	5~10	70
식나무	12~15	40~50	4~5	20~25	5~10	50
칠엽수	12~15	50~55	3~4	20~25	3~5	50
포플라	10~15	40~50	5~6	20~25	4~7	50
너도밤나무	10~15	50~55	3~4	20~25	4~7	50
오리나무	10~15	50~55	5~6	15~20	4~5	50
플라타너스	10~15	40~50	3~5	20~30	5~10	60
아칸더스	30~40	30~40	3~5	15~20	5~10	100
두릅나무	30~40	30~40	3~5	15~20	5~10	100

배나무, 플라타너스, 상수리나무, 작은 대나무, 비쭈기나무, 뽕나무, 포도나무, 사과나무, 감나무, 참나무 따위도 잎을 잘 먹기는 하나 이런 것들은 일반용 사료로서 생잎을 주거나 혹은 건조시켜 저장해 두었다가 만일의 경우에 대비하는데 그치고 뽕나무 잎 외에는 비육용으로는 쓰지 않는 것이 좋다.

(6) 나무열매

과일이나 나무열매는 사료가치가 나뭇잎보다 월등하게 좋다. 그 전분가에 있어서는 쌀이나 보리 그밖에 잡곡류를 능가하는 것이 있고 또 단백질 함유량도 콩에 육박하는 것이 있다.

비자나무의 열매 같은 것은 타닌이 극히 적어 그대로 염소사료로 주어도 아주 잘 먹으며 그 비육 효과도 크다.

느티나무 열매에는 25%의 단백질과 35~40%라는 다량의 지방이 함유되어 있다. 시험결과에 나타난 비육효과도 그 성적이 매우 뛰어 났었다.

떡갈나무, 졸참나무, 칠엽수, 상수리나무 등의 열매도 염소사료가 된다. 특히 가용무 질소의 공급원으로서는 대단한 효과가 있어 곡물류에 비해 그다지 손색이 없다.

다만 단백질, 비타민, 무기류 등의 함량이 적은 것이 흠이지만 이것은 다른 사료로 보충해 주면 된다.

또 이들 열매에는 타닌이 많이 포함되어 있으므로 일단 이것을 제거한 다음에 이용하도록 해야 한다.

그 방법은 이들 열매를 한 번 햇볕에 말린 뒤, 절구로 찧어 겉껍질을 벗기고 알맹이를 3~4조각으로 굵게 부순뒤 나무재 2 *l* 에 물 8 *l* 로 만든 잿물(이 잿물은 재와 물을 섞은 뒤, 위에 뜨는 맑은 물)에 넣어 가끔 휘젓고 색이 변하면 새 잿물을 더 넣어 주면서 약 2일간을 그대로 둔다. 그런 뒤에 꺼내어 물에 잘 씻어 햇볕에 바싹 말리면 그대로 쓸 수 있고 아니면 가루로 만들어 써도 된다.

이 밖에 등나무 열매, 아카시아 열매, 칡 열매 등도 조금씩 주는 것은 무방하다.

요컨대 타닌 성분을 위에서와 같은 방법으로 제거한 뒤 다른 맛있는 먹이와 섞어 주면 된다.

그것은 일반적으로 염소는 나무열매를 그다지 즐겨 먹지 않기 때문이다. 그러므로 염소가 공복이거나 혹은 그들이 즐겨 먹는 비지나 쌀겨 따위와 혼합해 주는 것이 좋다. 그렇게 되면 염소도 자연히 먹게 된다. 그냥 나무열매만 주면 먹지 않는 경우가 있기 때문이기도 하다.

사료로 쓸 수 있는 각종 나무열매의 성분을 살펴 보면 다음의 표와 같다.

〈사료용 나무열매의 성분표〉 (단위 : %)

구 분	단백질	가용물질소물	지 방	섬 유	무기물	평점
너도밤나무	25~30	15~20	35~45	2~3	2~3	100
졸참나무	5~6	75~80	2~3	2~3	2~3	90
참나무	4~5	75~80	2~3	2~3	2~3	90
상수리나무	5~6	75~80	4~5	2~3	2~3	90
떡갈나무(도토리)	4~5	75~80	3~4	2~3	2~3	80
칠엽수	7~8	65~75	4~5	3~4	2~3	95
비자나무	10~13	30~40	30~40	9~10	2~3	100
소나무	17~20	8~10	70~75	3~25	3~5	95
작은대나무	12~15	75~85	1~2	3~25	3~5	95

(7) 뿌리채소(根菜類) 및 잎채소(葉菜類)

염소를 기를 경우, 겨울 동안의 녹사료에 가장 고심하게 된다. 될 수 있는 대로 뿌리채소나 잎채소를 많이 준비하여 겨울 사료로 갖추어 둘 필요가 있다.

특히 겨울에 마른 것만 많이 주게 될 경우에는 뿌리채소 같은 것을 적당히 줌으로써 수분을 조절하고 식욕을 증진, 정장작용(精腸作用)에 도움이 되게 할 수가 있다.

또 뿌리채소, 잎채소, 열매채소 등의 찌꺼기도 훌륭한 염소사료가 된다. 특히 뿌리의 줄기, 즉 감자·토란 같은 것은 그 찌꺼기라도 우수한 비육사료가 된다.

유채, 쑥갓, 번행초, 시금치, 샐러리의 찌꺼기 등은 하루 쯤 그늘에 말려서 수분이 상당히 줄어든 다음에 주어야 한다. 그것도 전초량(全草量)의 3분의 1 정도로 그치는 것이 안전하다.

양분도 모두 비교적 많고 염소도 즐겨 먹으므로 질이 낮은 웬만한 야초보다도 비육 효과가 훨씬 우수하다. 그러나 아무리 그늘에서 말린 것이라도 너무 많이 먹여서는 안된다. 종류별로 설명하면 다음과 같다.

① 뿌리채소

ⓐ 감자 : 전분질 사료로서 가치가 높으므로 상품으로 될 수 없는 작은 감자는 염소사료로 이용한다. 뻗어나는 새싹과 감자에 햇빛이 닿아 녹색으로 된 부분은 솔라닌이라는 독성이 있으므로 맹독은 아니지만 먹지 않도록 잘라 버리고 준다.

ⓑ 고구마 : 이것도 전분질 사료로서 염소는 감자보다도 좋아한다. 덩굴도 염소사료로서 아주 좋으며 말려서 겨울 사료로 쓰는 것도 좋지만 잘게 썰어서 사일로(silo : 牧草貯 用倉고)에 저장했다가 엔실레이지(프 ensilage : 사일로에 보존한 생풀이나 채소)로 해서 이용하는 것이 좋다. 고구마도 사일로에 저장하여 겨울사료로 쓴다.

고구마는 겨울의 저장이 곤란하여 흑반병 등으로 썩기 시작한 것을 주면 중독이 되는 경우가 있다.

고구마는 그 덩굴이나 고구마 자체의 어느 것이나 그것만 많이 먹으면 뱃속에 가스가 생겨 고창증(鼓脹症)을 일으키거나 설사를 하는 수가 있으므로 가급적 다른 사료와 섞어 주는 것이 좋다.

ⓒ 돼지감자 : 풋베기의 항에서도 기술하였지만 언제나 이용할 수가 있다. 더구나 감자보다 더 즐겨 먹으며 영야가도 높다.

성질이 강건하고 추위에도 강하므로 늦가을에 잎이 떨어진 뒤에 필요한 부분만 캐내어 급여할 수가 있으며 겨울철 눈 속에도 썩지 않는다.

ⓓ 무우, 순무류 : 무우, 순무의 불량품, 줄기·잎 등은 모두가 사료로 된다. 가축용 순 무, 사탕 무우 등 가축 전용의 것도 있다.

어느 것이나 추위에 강하므로 밭의 한 구석에 묻어 두었다가 겨울 내내 급여할 수가 있다. 줄기와 잎은 건조시켜 두거나 엔실레이지로 쓸 수가 있다.

ⓔ 잎채소류 : 쑥갓, 용설채(龍舌菜), 배추, 양배추, 케일(kale), 레에프(사료용 유채), 상추 등도 모두 녹사료로 이용할 수가 있다.

이상으로 근채류, 엽채류에 대한 대략의 종류별 설명을 하였으나 양배추와 같은 채소류의 경우, 영양성분면에서는 상당한 양분이 포함되었으나 수분이 너무 많아 비육용사로서는 많이 줄 수가 없다. 그래서 적은 양을 주는 것으로 그치는 것이 좋다.

무우, 순 부, 우엉, 당근, 고구마, 감자, 토란과 같은 뿌리채소류 중에서 가장 우수한 것은 역시 고구마이고 그 다음이 감자, 토란의 순이라 할 수 있다.

성분면으로 보면 대동소이하여 어느 것이 우수한지 우열을 가리기가 어렵지만 실제로 나타나는 결과는 다음 표와 같다.

그러므로 이것들을 하루에 40~100 g 정도까지는 주어도 된다. 그러나 우엉은 가급적이면 적게 주는 것이 좋다.

토란은 감자 다음 가는 성분을 가지고 있으나 그 실제 효과는 훨씬 떨어진다. 이것은 가소화분의 비율에서 차이가 있기 때문이라고 보고 있다.

〈각종 근채류·엽채류의 성분표〉 (단위 : %)

구 분	단백질	가용물질(함수탄소)	지 방	섬 유	무기물	평점
고구마	1~2	28~30	약간	2~3	1~2	100
감자	1~2	19~25	약간	1~2	1~2	100
토란	1~2	12~15	약간	1~2	1~2	95
무우	1~2	3~4	약간	1~2	약간	70
당근	1~2	7~10	약간	1~2	1~2	95
우엉	1~2	25~30	약간	2~3	1~2	80
호박	1~2	6~15	약간	약간	1~2	90
오이	1~2	1~2	약간	약간	약간	70
펜지(유채)	2~3	1~2	약간	1~2	1~2	90
시금치	2~3	1~2	약간	1~2	1~2	90
배추	1~2	1~2	약간	1~2	약간	50
양배추	1~2	5~6	약간	1~2	약간	60
상치	1~2	2~3	약간	1~2	1~2	80
쑥갓	1~2	2~3	약간	1~2	1~2	90
샐러리	1~2	12~13	약간	1~2	1~2	80

(8) 곡류와 겨류

염소는 조사료, 즉 풀, 나뭇잎, 볏짚류 등의 섬유질이 많은 것이 주식이지만 성장·번식·비육 등의 경우와 겨울철에 청초가 적은 시기에는 곡류 기타의 농후사료를 적당히 사용해서 칼로리, 단백질 등을 보급해 줄 필요가 있다.

농후사료는 값이 비싸므로 이것을 가장 효율적으로 이용해서 성과의 향상을 도모하는 것이 염소사양 기술의 중요한 점이기도 하다.

곡물의 부스러기나 찌꺼기에는 여러 가지가 있어 비육용 사료로서 요긴하게 쓸 수 있는 것이 많다.

밀싸라기는 단백질 함유량도 많고 또 가소화율도 높아 새끼 염소나 어미 염소를 막론하고 매우 뛰어난 비육 효과를 나타낸다.

염소에게 이 밀싸리기를 줄때는 가급적 물에 불리어서 주는 것이 좋다.

보리 싸라기도 역시 나쁘지는 않으나 아무래도 성분면으로 보아도 실제적인 효과는 적을 것 같다. 먹일 때는 가급적 물에 불리어서 주는것이 좋다.

보리 싸라기도 역시 나쁘지는 않으나 아무래도 성분면으로 보아도 실제적인 효과는 적은 것 같다. 먹일 때는 가급적 삶아 주거나 며칠 동안 물에 불렸다가 주도록 한다.

옥수수, 수수, 조 따위의 싸라기도 비육용으로는 아주 좋은 것이며 보리싸라기보다는 훨씬 우수한 효과가 있다.

가루를 만들어 주거나 잘게 빻은 것을 물에 불리거나 삶아서 주도록 한다.

콩, 풋콩은 극히 뛰어난 비육용 사료이다. 비육용 염소의 중기(中期) 사육에는 물론 마지막 마무리의 후기에 접어 들어 사용하면 효과가 크다.

곡물 중에서 왕좌를 차지하는 그 단백질 함유량과 지방 함유량의 삭용은 상상외로 뛰어난 효과를 발휘한다.

역시 가급적이면 가루로 해서 주거나 물에 불려서 준다.

율무 싸라기도 겉껍질만 맷돌로 벗겨 내면 새끼 염소, 큰 염소의 구별이 없이 즐겨 먹을 수 있는 양질의 사료이다. 가령 싸라기라도 그 효과가 매우 커서 영양사료로서의 효력을 과시하게 된다.

벼쭉쟁이도 염소 사육에는 매우 효과적인 사료이다. 이것은 비교적 흔하며 값도 싸게 구할 수 있는 우수한 사료이다. 염소도 매우 즐겨 먹고 효과도 좋으므로 크게 활용할만 하다.

〈곡류와 겨류의 성분표〉 (단위 : %)

구 분 (싸라기)	단백질	가용무 질소물	지 방	섬 유	무기물	평점
밀	10~13	60~70	2~4	5~10	5~10	110
보리	10~12	60~70	3~4	10~15	5~7	70
귀리	10~13	65~75	4~5	10~15	3~5	80
쌀	8~10	70~75	3~4	3~5	3~5	100
벼쭉쟁이	5~10	60~70	3~4	10~15	5~10	70
옥수수	8~10	50~65	50~65	3~4	5~7	100
율무	10~13	60~70	60~70	4~5	10~12	90
수수	10~12	55~60	55~60	3~4	2~5	100
조	7~10	55~60	55~60	2~3	5~7	100
피	7~10	55~60	55~60	4~5	5~7	80
콩	30~35	20~30	20~30	10~15	5~7	100
해바라기	10~25	20~30	20~30	15~20	5~7	100
메밀	10~15	50~60	50~60	2~3	3~5	90
쌀겨	10~15	30~35	30~35	10~15	10~15	100
밀기울	13~15	40~50	40~50	4~5	5~10	100
보릿겨	10~13	40~55	40~55	3~5	8~10	50
수수겨	10~13	30~35	30~35	3~5	10~15	40
피겨	10~13	30~35	30~35	4~7	10~15	40
조겨	6~10	15~20	15~20	3~4	10~15	40

그러나 겉껍질이 매우 딱딱하고 많은 섬유질이 있으므로 그대로 두면 좋지 않다.

특히 새끼 염소에게는 겉껍질을 벗겨서 싸라기로 주거나 잘 삶아 주도록 한다.

쌀겨는 신선한 것은 아주 좋지만 오래 묵은 것과 모래가 섞인 것은 좋지 않다.

오래 묵은 것은 함유된 지방질이 변할 염려가 있기 때문이다. 이런 불순물을 제거하면 염소의 비육사용으로는 매우 우수한 사료이다.

밀기울은 새끼 염소, 큰 염소를 불문하고 효과적이고도 알맞는 사료이다. 15% 정도가 되는 단백질을 보리겨나 보리 보다도 훨씬 뛰어난 사료이다. 여름철에는 썩기 쉬우므로 반죽을 해서 줄 경우 먹다 남은 나머지를 두었다가 다시 주는 일은 없어야 한다.

보릿겨・조겨・수수겨 등은 그다지 우수한 것은 못된다. 특히 비육용으로는 쓰지 않는 것이 좋으므로 부득이한 경우에만 사용하도록 한다. 또 다른 양분의 좋은 사료와 섞어 주도록 한다.

곡류와 겨류의 성분은 앞의 표시한 표와 같다.

이상에서 설명한 제반 사료들은 앞의 「6. 사료의 배합」에서 기술한것 처럼, 밀기울 40, 보리 30, 콩깻묵 20, 쌀겨 10과 같은 비율에 적절히 대처해 쓰도록 하면 될 것이다.

(9) 깻묵류

깻묵은 한문으로는 유박(油粕)이라 쓴다. 기름을 짜낸 찌꺼기라는 말이다. 콩기름을 짜낸 찌꺼기는 콩깻묵이고 참기름을 짜낸 찌꺼기는 참깻묵이며 들깨를 짜낸 찌꺼기는 들깻묵이다.

그런데 여러가지 깻묵류 중에서 가장 좋은 것은 콩깻묵이다. 콩깻묵에는

양분이 매우 많고 염소도 잘 먹는다. 그러므로 농후사료 속에서 반드시 콩깻묵을 10% 정도 넣는 것이 좋다

이밖에 생선기름을 짜낸 생선깻묵도 콩깻묵에 못지 않은 비육사료이며 염소도 역시 즐겨 먹는다.

아마씨깻묵도 새끼 염소는 물론 어미 염소에게도 아주 좋으므로 결과 또한 좋다.

들깻묵도 콩깻묵에 맞먹는 양분을 가지고 있고 땅콩깻묵, 참깻묵, 번데기깻묵 따위는 모두 고급 사료이다. 이것들은 모두 양분이 풍부하고 염소도 즐겨 먹으므로 크게 활용해야 할 사료이다.

급여량은 대체로 쌀겨, 비지, 기타 농후사료의 10% 내외가 좋다.

각종 깻묵류의 성분을 표시하면 다음과 같다.

〈깻묵류의 성분표〉 (단위 : %)

구 분	단백질	탄수화물	지 방	섬 유	무기물	평점
콩깻묵덩이	40~45	25~30	7~8	5~6	5~6	100
콩깻묵부스러기	45~45	30~35	1~2	5~6	5~6	100
참깻묵	37~40	20~25	12~15	7~10	10~15	100
유채씨깻묵	30~35	30~35	9~15	11~15	7~10	80
아마씨깻묵	33~35	35~40	7~10	8~10	5~10	100
목화씨깻묵	43~50	35~40	12~15	8~10	5~10	85
들깻묵	42~45	26~30	12~5	10~15	5~10	100
삼씨깻묵	31~35	18~25	10~15	20~25	8~10	85
땅콩깻묵	47~55	25~30	7~10	5~10	5~10	05
정어리깻묵	60~65	-	5~10	-	15~20	190
술지게미	10~23	27~30	8~10	15~20	15~20	95
맥주깻묵	28~35	30~35	8~10	15~20	9~10	100
간장깻묵	24~30	-	8~10	9~10	10~15	70
사과깻묵	4~5	60~65	3~5	10~20	3~5	90

위의 표에 열거한 중에서 술지게미, 맥주깻묵, 사과깻묵 등은 모두 우수한 비육사료이다. 농후사료와 함께 반죽하여 주면 좋다. 특히 맥주깻묵은 사료의 소화를 촉진시키고 동화흡수를 도와 주는 역할을 한다.

간장깻묵을 줄 때는 소금기를 뺀 후 소량만 주며 양을 많이 주어서는 안 된다.

(10) 마른 초목잎

마른 풀잎이나 나뭇잎은 겨울철 사료로서 없어서는 안될 뿐만 아니라 수분을 증발시켰기 때문에 영양분의 함유율이 높아져 그 실제의 효과는 밀기울이나 곡물에 맞먹게 된다.

그리고 급여 사료의 수분 조절을 할 수 있을 뿐만 아니라 질병의 예방이나 치료에도 효과적이다.

그러나 마른 초목잎이라 해도 그 종류가 허다하여 그 중에는 단백질 함량이 30~40%에 이르는 것이 있는가 하면 10% 이하의 것도 있어 사료가치가 고르지가 않다.

마른 초목잎을 만들기 위해서는 가급적이면 빨리 양분이 충실한 것만을 골라 만드는 것이 좋다. 만일 건초나 건엽을 4kg을 만들었다고 하면 곡물이나 쌀겨, 밀기울 4kg을 얻는 것과 맞먹는 결과가 될 것이다.

건초·건엽을 만드는 요령은 다음과 같다. 즉 개인 날을 골라 아침 8시경부터 건초만들기의 경우, 베어내기를 시작한다. 이렇게 해서 예취(刈取)한 것을 길이 10~15cm 정도로 잘라 시멘트 바닥이나 양철 위에 펴 놓고 햇볕에 말린다.

이때 가급적이면 자주 뒤집어서 고루 마르게 해야 한다. 다 말랐으면 열이 식은 뒤 새끼나 쇠줄로 묶어 어두운 곳에 저장해 둔다.

이 마른 잎이나 마른 풀을 염소에게 줄 때는 그대로 주어도 되고 혹은 빻아서 가루로 해서 먹여도 된다. 또는 비지나 쌀겨, 밀기울 등과 함께 이겨서 주면 더욱 효과적이다.

장마철이나 설사 기운이 있는 염소에 대해서는 보통풀과 함께 섞어 주면 설사를 멈추게 할 수 있다.

또 염소들은 본능적으로 자기 몸의 상태에 따라 적당히 그것을 가려서 섭취한다. 급여량은 겨류 속에 가루로 혼합할 때는 0~50% 정도가 적당하다.

〈건초 초목잎의 성분표〉 (단위 : %)

초목잎명	단백질	탄수화물	지 방	섬 유	무기물	평점
자운영	17~25	35~50	4~5	10~15	7~10	100
알팔파	15~25	50~60	2~3	15~20	7~10	100
위켄	20~30	30~40	4~5	15~20	10~15	100
베찌	15~25	40~45	3~4	15~20	10~15	100
적색클로버	15~20	35~45	4~5	13~15	10~15	95
백색클로버	20~25	30~40	5~6	10~15	10~15	100
풋베기귀리	10~15	35~40	2~3	20~30	5~10	80
풋콩	15~20	35~40	2~3	20~30	5~10	100
티모시	5~10	45~50	2~3	20~30	5~10	80
오오차아드	15~10	45~50	2~3	20~30	5~10	80
풋보리	10~15	45~50	2~3	20~30	5~10	70
풋밀	10~15	30~40	2~3	20~30	5~10	70
풋옥수수	10~15	40~50	5~10	15~20	5~10	80
풋피	10~15	40~50	5~10	20~30	10~15	80
풋해바라기	35~25	30~40	10~15	10~20	5~10	90
명아주	30~40	30~40	1~2	10~15	10~15	100
쑥	20~40	40~45	5~6	10~15	10~15	100
새완두	10~25	30~40	4~5	20~30	5~10	90

민들레	15~20	45~50	4~5	-	10~15	100
질경이	15~20	45~50	2~3	10~15	10~15	90
엉겅퀴	25~20	45~50	4~5	10~15	5~10	80
쑥	10~25	30~45	3~4	15~20	5~10	90
왜쑥부쟁이	0~15	40~50	3~4	10~15	5~10	80
참억새	5~10	35~45	약간	15~20	5~10	60
비자나무	5~10	35~45	2~3	20~25	5~7	60
띠	5~10	35~45	2~3	20~25	5~10	60
잔디	15~10	40~45	2~3	20~25	5~10	50
너도밤나무	10~15	40~50	3~4	20~25	5~10	60
싸리	25~20	40~50	3~5	20~25	5~10	90
아카시아	30~35	15~25	3~4	15~20	5~10	100
구기자	20~40	40~50	2~3	10~15	5~10	100
등나무	20~25	40~45	2~3	10~15	5~10	90
자귀나무	15~20	40~45	2~3	10~15	5~10	90

마른 초목잎의 성분을 살펴 보면 위의 표와 같다.

(11) 짚·줄기류(莖類)

볏짚이나 보리집, 혹은 밀집 등의 짚·줄기류는 어디서나 흔히 구하기가 쉽고 값도 저렴할 뿐더러 염소는 특히 섬유질이 많은 조사료를 좋아하여 매우 좋은 염소의 사료로 이용되고 있다.

짚류는 바닥에 깔아 주는것 외에 신선한 것을 15~20cm정도로 잘라서 중심을 묶은 다음, 풀시렁 안에 넣어두면 염소는 필요할 만큼씩 섭취하게 된다.

콩대는 보리짚보다 좋기는 하나 아랫 부분은 그다지 좋지 않으므로 새끼 염소에게는 윗부분을 잘게 썰어 조금씩 주도록 한다. 완두·녹두·팥·메밀 등의 대도 좋지만 많이 주지는 말아야 한다.

어쨌든 이러한 짚·줄기류는 주기 전에 쌀겨 같은 겨에 버무려 주는 것이 좋다.

짚류의 성분중, 석회짚(石灰藁)은 보통 볏짚과 비교하면 그다지 다를 것이 없지만 소화율은 현저히 좋다. 즉 2~3%의 단백질 소화율이 보통 짚일 경우 50%인데 비해 석회짚은 79%로 높아 섬유의 소화율은 30%에서 60%로 높다. 특히 그 전분가는 2~3배에까지 달한다.

일반적으로 석회짚은 반추동물에는 그다지 쓰지 않지만 말이 나왔던 김에 석회짚을 만드는 방법을 소개하기로 한다.

볏짚 썬 것 4kg에 초석회(硝石灰) 400~600 g, 물 30 l 정도를 부어 넣고 2시간 끓인 뒤, 바구니 같은 곳에 건져 내어 흐르는 물에 씻는다.

이렇게 만들어진 석회짚은 비록 사료로는 쓸 수 없지만 다른 사료가 부족할 때나 혹은 일반 토끼 사육시 등에 그 보충 사료를 쓰는 일이 많음을 참고로 기술해 둔다.

다음에는 짚·줄기류의 성분표를 게시하기로 한다.

〈짚·줄기류의 성분표〉　　　　　　(단위 : %)

종 류	단백질	탄수화물	지 방	섬 유	무기물	평점
볏 짚	2~3	35~40	1~2	다량	10~20	10
보릿짚	2~3	35~40	1~2	다량	10~15	10
밀 짚	4~5	35~40	1~2	다량	10~15	10
메밀짚	4~5	35~40	1~2	매우다량	10~15	10
조 짚	4~5	30~35	2~3	매우다량	10~15	10
왕 겨	3~4	30~35	2~3	매우다량	10~15	10
콩 대	4~5	40~45	2~3	다량	6~10	20
피 짚	4~5	40~45	2~3	다량	10~15	20
석회짚	1~3	35~40	1~2	다량	10~20	30

(12) 엔실레이지 (ensilage : 理藏飼料)

야초나 고구마덩굴 등의 날 것을 사일로(silo : 草貯藏用倉庫)라고 하는 시멘트제 저장창고에 넣어 두었다가 겨울철에 가축의 사료로 급여하는 사료를 엔실레이지라고 하며 혹은 사일로에 넣은 사료라는 뜻에서 사일레지(silage)라고도 한다.

고구마 덩굴이나 자운영 등, 수분이 많은 것은 2~3일동안 바람에 말려 어느 정도 수분을 제거한 다음, 3~6㎝로 짧게 썰어 사일로에 저장한다.

수분이 많지 않는 것은 한나절 정도 바람에 말리면 된다. 어떤 경우이든 잘게 썰어야 하며 콩과식물과 벼과식물을 잘 섞어 넣어야 한다. 그렇게 하지 않으면 결코 좋은 엔실레이지가 만들어지지 않는다.

그러나 오랫동안 저장해 두는 관계로 결코 신선하지가 못하지만 겨울철의 보존 사료로는 양질의 것이라고 할 수 있다. 다만 저장 방법이나 제작과정에서 실수가 있으면 엔실레이지는 변질되거나 산미가 많은 좋지 않는 것이 되고 만다.

〈엔실레이지의 성분〉 (단위 : %)

종 류	단백질	탄수화물	지 방	섬 유	무기물	평점
자운영	3~4	7~18	1~2	약간	1~2	60
풋 콩	5~6	13~15	1~2	약간	1~2	60
클로우버	3~4	9~10	1~2	약간	1~2	60
고구마덩굴	2~3	7~8	1~2	약간	3~4	50
옥수수대	2~3	9~10	약간	약간	1~2	50
돼지감자대	3~4	8~9	1~2	약간	3~4	50
감자줄기	1~2	3~4	1~2	약간	2~3	45
무 청	2~3	5~7	약간	약간	2~3	50

엔실레이지의 성분을 살펴 보면 앞의 표와 같다.

이와 같은 엔실레이지를 비육용으로 쓸 때는 건초나 겨류와 섞어주는 것이 좋다.

현편, 엔실레이지 등을 비롯한 저장사료에 대해서는 뒤에 상술하기로 하겠다.

(13) 농산물 찌꺼기

농산물 찌꺼기라고 하면 매우 그 범위가 넓지만 그 많은 것을 전부 일일이 열거할 수는 없으므로 여기서는 보편적인 것 몇 가지에 대해서만 기술하기로 한다.

첫째 고구마덩굴이다. 이것은 사료로 효과가 매우 크므로 하루쯤 바람에 말렸다가 주는 것이 좋다. 경우에 따라서는 하루의 청초류는 이것으로 모두 대치해도 된다.

감자 줄기도 앞의 싹이 틀 때의 것을 채취한 것 외에는 모두 좋지만 염소가 그다지 좋아하지 않는 결점이 있다.

이와 반대로 뽕나무 잎은 염소도 잘 먹고 양분도 많아 아주 좋은 사료에 속한다.

해바라기, 돼지감자의 줄기도 좋다. 해바라기에 대해서는 키가 1nm 이상이 되면 아랫잎을 2~3매 떼어 버리고 2cm이상 자랐을 때는 아랫잎을 10매 정도 떼어버리고 주도록 한다.

한 장에 40g이나 나가는 거대한 해바라기 잎을 염소는 아주 맛있게 잘 먹는다.

돼지 감자도 가을철에 접어들면 얼마간 잎을 따버리고 주며 또 너무 밀식한 곳에서 솎아낸 것을 주어도 된다.

호박, 오이 그밖에 열매 채소의 잎이나 옥수수대로 권할 만한 사료이다.

일찍 베어낸 옥수수대는 그냥 밭에 내버릴 것이 아니라 염소에게 주는 것이 좋다.

콩, 팥 따위의 줄기잎은 특히 좋은 사료이며 풋베기를 한 것은 되도록 많이 주는 것이 좋다. 염소는 이런 종류의 사료를 매우 좋아한다.

유채나, 양배추, 무청, 무우부스러기 따위도 버리지 말아야 한다. 수분이 많은 것은 하루 이상 그늘에서 말렸다가 주면 역시 염소는 잘 먹는다. 다만 여름 무우로서 매운 것은 주지 않도록 한다. 그리고 이들 찌꺼기류는 고구마덩굴과 뽕잎 기타 무청, 해바라기잎, 콩대 등 여러 가지를 섞어 주는 것이 좋다.

다음 표는 농산물 찌꺼기류의 성분을 알아본 것이다.

〈농산물 찌꺼기류의 성분표〉 (단위 : %)

종 류	단백질	탄수화물	지 방	섬 유	무기물	평점
고구마덩굴	1~2	5~6	약간	약간	1~2	100
감자줄기	2~3	8~10	약간	2~3	1~2	70
뽕나무잎	20~30	20~30	4~5	10~15	10~15	100
무청	2~3	4~5	약간	1~2	1~2	100
잎채소의 잎	1~3	2~5	약간	2~3	1~2	90
열매채소의 잎	1~3	2~5	약간	3~4	2~3	70
해바라기 잎	5~6	2~5	약간	3~4	1~2	90
옥수수대	3~4	10~15	1~2	5~7	2~3	80
돼지감자줄기	3~4	17~20	1~2	4~5	4~5	90
율무줄기	3~4	10~15	1~2	5~7	2~3	80
콩대	7~8	15~20	1~2	5~7	2~3	95
팥줄기	4~5	10~15	1~2	5~7	2~3	85

(14) 도시 잔재물(都市殘滓物)

도시에서 나오는 각종 찌꺼기·부스러기 등은 그 종류가 매우 많다. 이 중에는 염소의 비육용 사료로 그 가치가 많은 것도 적지 않다.

생선찌꺼기는 아주 약간만 섞어 주어도 염소는 즐겨 먹으므로 신선한 생선찌꺼기를 구하여 소금을 약간 넣은 뒤 물은 넣지 않고 폭 찐다.

그런 다음 살을 골라 풀가루를 묻혀 햇볕에 말린 뒤에 저장해 두고 쓰도록 한다.

밥찌꺼기도 변질된 것 외에는 사료로 쓸 수 있다. 그대로 조그맣게 뭉쳐서 주어도 되고 겨나 풀가루를 묻혀 주어도 된다.

비지나 엿지게미도 효과가 매우 좋은 사료이다. 또 혈분(血粉)이나 생선가루를 겨 같은 것에 5% 정도 섞어 주면 염소의 비육에도 도움이 된다. 이 사료는 닭의 산란량을 많게 하기 위해서도 좋다.

〈도시 잔재물의 성분표〉 (단위 : %)

종 류	단백질	탄수화물	지 방	섬 유	무기물	평점
생선찌꺼기·어분	50~60	-	5~10	-	5~10	100
밥찌꺼기	4~5	10~20	-	-	1~2	100
국찌꺼기	50~55	-	-	-	20~30	100
채소부스러기	2~3	-	-	-	1~2	70
비지	5~6	6~10	1~2	5~7	1~2	90
엿지게미	10~13	15~20	3~4	4~5	5~6	80
땅콩부스러기	6~7	15~20	2~3	40~50	-	30
혈분(血粉)	70~85	-	-	-	-	95
고기찌꺼기	70~80	-	10~15	-	-	100
호박씨	30~50	-	30~45	-	-	100
굴껍질	5~6	60~65	2~3	12~15	2~3	70

주 : 이 성분표에서 밥찌꺼기나 채소부스러기, 비지, 엿지게미는 마르지 않은 것이고 다른 것은 마른 것이다.

도시 잔재물의 성분을 알아 보면 위의 표와 같다.

그리고 특히 호박씨는 아주 우수한 사료이다. 염소의 비육용, 발정용(發精用) 사료로서 더없이 좋은 사료이다. 이 호박씨는 그냥 햇볕에 말렸다가 저장해 두면 언제든지 이용할 수가 있다. 호박씨는 토끼의 발정제로도 많이 이용되고 있다.

(15) 특수 사료

여기서 특수 사료라 함은 아주 약간만 사용하는 사료나 미량의 사용만으로도 매우 큰 효과를 나타내는 종류, 기타 우유나 소금, 칼슘과 같이 특이하게 사용하는 사료를 말한다.

메뚜기나 생선가루, 혈분, 고기가루(肉粉), 번데기 등을 예로 들수 있으며 뼈가루, 간유, 해초, 이 책의 주제인 염소젖 등도 이 범주에 속한다.

생선가루나 메뚜기 등의 동물성 사료는 그 공급량을 전사료량의 5% 이내로 주어도 최대의 효과를 올리므로 비육용으로 쓰는데는 매우 좋은 사료이다.

소금은 소금통에 담아 평소에 마음대로 생리껏 먹을 수 있도록 해 준다. 후술하는 사료의 특성에서 다시 상세히 설명하겠지만 소금은 염소에게는 없어서는 안될 매우 중요한 효능을 가지고 있다.

칼슘제는 사료 중의 함량 부속을 보충하는 목석으로 주는 섯이므로 약산만 주어도 비육률은 10~20% 증가시킬 수 있다. 그러나 너무 많이 주어서는 안 된다. 칼슘은 발육촉진, 질병의 예방 효과가 있다.

간유(肝油)는 비타민 A · D와 지방의 보급을 목적으로 해서 준다. 이것은 비육을 촉진하고 질병을 예방하며 특히 햇볕의 대용품으로서 효력도 있다. 또 발육부족, 분만 후의 쇠약 등의 원기 회복에도 탁월한 구실을 하기도 한다.

간유는 또 농후사료 속에 0.5%만 넣어도 되고 칼슘제는 2~3% 이내로 그쳐야 한다.

간유를 줄 때는 겨류에 한방울 떨어 뜨려서 이것을 다른 사료와 섞어 주도록 하며 칼슘제를 주는 것도 그런 식으로 섞어 주도록 한다.

다시마나 미역 등은 마른 것을 그대로 주어도 되지만 이것을 빻아 가루로 만들어 다른 사료인 겨나 풀가루 등과 섞어 주는 것이 가장 좋다.

〈특수 사료의 성분표〉 (단위 : %)

종 류	단백질	탄수화물	지 방	무기물	평점
어분	50~60	-	5~10	5~15	100
메뚜기	55~65	-	5~10	5~15	100
고기가루	70~80	-	10~15	-	100

특수 사료의 성분을 살펴 보면 위의 표와 같다.

(16) 효소류(酵素類)

효소에 대해서는 앞에서도 언급된 바 있지만 효소가 없으면 소화가 되지 않고 소화가 되지 않으면 동화흡수작용을 못하게 된다.

즉, 효소는 모든 사료를 피와 살이 되게 하는데 있어 없어서는 안될 중요한 요소이다.

효소는 원래 어린 풀이나 어린 나무잎, 혹은 곡물의 씨눈 부위와 동물의 내장에 많이 함유되어 있다.

그러나 이것이 염소의 몸 속에 들어가 활동하기까지에는 상당한 시간을 필요로 하므로 체외에서나 체내에서 합성된 효소의 힘만으로는 염소의 조속한 비육을 기대하기는 어렵다. 그러나 일단 위 안에 효소가 자리 잡게 되면 제4위까지 있는 반추동물의 소화는 갑자기 사료가 바뀌어지지 않는 한

소화가 잘된다.

효소에는 단백질 소화효소, 전분질 소화효소, 섬유질 소화효소, 이밖에 여러 가지를 함유하는 것이 있다. 그러나 효소의 분야별로 각기 그 효력이 강한 효소제를 구하기는 어렵다.

그러므로 쉽게 구할 수 있는 효소인 보리싹을 이용하게 된다. 이 보리싹은 흔히 엿기름이라고도 하는데 쉽게 구할 수 있고 본인이 직접 만들 수도 있다.

즉 보리 씨앗에 싹이 난 것이 보리싹인데 이것을 말려 가루로 빻아 두었다가 가끔 섞어 주면 되는 것이다. 보리가 없으면 옥수수, 조, 수수 등의 싹을 써도 된다.

쌀겨나 풀가루(草粉), 밀기울, 잡곡류 등의 가루사료 속에 5% 정도의 비율로 섞어서 겨울이면 하룻밤을 재워두고, 여름이면 2~3시간 방치해 두면 된다.

이때 섞어 놓은 가루에 50℃ 정도의 더운 물을 부어 너무 질거나 건조하지 않을 정도로, 즉 달라 붙지도 바삭거리지도 않을 정도로 이겨서 겨울이면 아랫목에, 여름이면 아무데나 놓아 둔다.

알맞는 반죽과 보온에 따라 결과가 좌우되는데 가장 적합한 온도는 약 40℃이다. 여름에는 보온할 필요가 없지만 겨울이나 초봄에는 반드시 보온해야 한다.

이렇게 해 두면 예쁘게 부풀어 올라 향기를 발산하여 발효하게 된다. 온도가 너무 높으면 빛깔이 검어지면서 좋지 않는 냄새가 난다.

반대로 온도가 너무 낮으면 잘 발효하지 않는다. 그러므로 수분은 30~40%, 보온온도는 40℃ 안팎으로 해야 발효가 잘된다

이렇게 만든 효소사료를 소화가 잘 되지 않는 동물에게 먹이는 데 염소

의 경우, 소화가 잘 되지 않을 경우는 그다지 흔하지 않으므로 다만 참고로 알아 두도록 한다. 그러나 반추동물이 아닌 다른 동물에는 매우 효과적으로 이용할 수 있으므로 참고하기 바란다.

그런데 효소사료를 싫어하는 동물은 굶주리게 한 뒤에 주거나 임신 중에 길들이는 것이 가장 좋은 방법이다.

10. 각종 사료의 특성

앞에서 이미 사료의 특성에 대한 언급이 있었지만 사료에 대한 지식을 확고히 하기 위해 좀더 구체적으로 설명하기로 한다.

(1) 곡류(穀類)

곡류 즉 알곡류는 일반적으로 단백질이 적다. 또 그 단백질은 동물질의 그것에 비해 영양가가 적다.

그런데 곡류에는 비타민 B가 많지만 다른 비타민은 적다. 무기물로는 인 (燐)이 많은 반면, 석회분은 적다. 보통 곡류 즉 곡식류는 그 주성분이 탄수화물로 되어 있다. 이것은 대체로 전분 상태로 섞여 있다.

(2) 밀

밀에는 비타민 B가 많고 단백질은 약 12%가 함유되어 있다. 그러나 비타민 A와 D는 적다. 그 성질은 방열냉사료(放熱冷飼料)가 되므로 계절마다 다른 사료의 조절용으로 쓰는 것이 좋다.

(3) 옥수수

옥수수에는 백색종 옥수수와 황색종 옥수수가 있다. 이중 황색종은 다른 곡류보다 비타민 A와 D가 비교적 많아 닭에게 먹이면 노른자를 진하게 하는 효과가 있다. 주요 성분은 무질소물이 대부분이고 단백질은 겨우 10% 정도 밖에 안 된다.

(4) 수수

수수알의 외피는 딱딱하고 타닌산이 약간 섞여 있다. 그러므로 이것을 사료로 먹이려면 맷돌에 갈거나 물에 담그어 불려서 써야 한다. 성분은 단백질이 약 1.8%, 비타민 A는 거의 없으나 비타민 B는 약간 있다.

(5) 보리

영양가는 밀에 가깝지만 밀처럼 동물이 좋아하지는 않는다. 또한 거칠은 조곡(粗穀)이라서 소화도 잘 되지 않는다. 그래서 맷돌에 갈아서 주거나 싹틔워서 주는 것이 좋다. 싹을 틔운 보리는 겨울에 녹사료로 대용해 쓰면 비타민 A · B의 급여효과가 있다.

(6)귀리

귀리는 맥류 중에서 가장 맛이 없는 사료로 생각되지만 염소사료로는 알맞다. 전분이 적고 지방이 많은데 외피가 두껍고 까칠까칠해서 반드시 빻아서 주어야 한다.

밀과 같이 영양가가 있고 재배도 용이하나 수확이 적다. 풋베기 사료로 급여하면 여러 번 베어낼 수가 있다.

(7) 조

보통 곡물 중에서는 단백질이 가장 많다. 게다가 비타민 B도 함유하고 있으므로 사료로 알맞다. 급여할 때는 물에 담그어서 주도록 한다.

(8) 벼 쭉정이

벼 쭉정이는 겉껍질이 많으므로 이것만 먹이면 소화불량을 일으키는 수가 있다. 다른 사료와 섞어 주는 것이 좋다. 새끼 염소에게는 가급적 주지 않는다.

(9) 싸라기 · 쌀눈

쌀을 찧을 때 나오는 싸라기나 쌀눈은 단백질이 많고 여러가지 비타민이 많이 들어 있는 양질의 사료이다.

(10)쌀겨

벼를 찧는 도정률에 따라서 그 영양가가 일률적이 아니지만 대체로 단백질이 12~14%이고 지방은 17% 정도이다. 이밖에 비타민 B가 많고 비타민 A·D는 적다.

또 무기질은 인(燐)이 많지만 석회분은 적다. 그래서 모든 가축에 널리 이용된다. 칼로리가 많으므로 겨울철에는 양을 더 늘려 주는 것이 좋다.

(11) 피

횡무지나 공지를 이용하여 피를 심어 사료로 쓴다. 피의 성분은 앞에서 이미 기술한 표를 참고하라.

(12) 탈지마강(脫脂米糠)

탈지마강이란 쌀겨에서 기름을 빼낸 깻묵을 말한다. 보통 기계로 기름을 빼는데 약품을 넣어 기름을 빼는 것과 증기로 쪄서 빼내는 2가지 방법이 있다.

이 중 약품으로 기름을 빼는 것보다 증기로 탈지한 것을 쓰는 것이 좋다.

기름을 빼기 때문에 그 성분은 지방 성분이 적고 비타민의 손실이 크다. 그러나 단백질과 탄수화물은 오히려 탈지하지 않는 것보다 많다.

〈쌀겨와 탈지미강의 성분비교〉　　　　(단위 : %)

종 류	수 분	단백질	지 방	섬 유	무질소물	회분
쌀　　겨	10.6	15.3	28.5	9.6	36.4	29.3
탈지미강	9.1	19.0	8.3	8.3	34.5	16.5

위의 표에 쌀겨와 밀기울의 성분을 비료한 결과를 표시하였다.

도정조작(搗精操作)에 따라 거친 겨·고운 겨·혼합 겨가 있다. 이 중에서 고운 겨는 영양가가 많지만 거친 겨는 영양가가 적다.

그런데 어느 것이든 단백질이 극히 적은 3.5~7% 밖에 안되고 지방도 역시 많지가 않다.

다만 무질소만 대부분을 점하고 전분가는 40.3%에 이른다. 그래서 보리겨는 사료부족시의 보충사료로 주는 것이 알맞고 비육용으로는 좋지 않다.

(13) 밀기울

밀기울만큼 모든 가축에 널리 이용되며 소화가 잘 되는 먹이도 많지 않다.

영양가도 겨루 중에서는 가장 양질의 것이 많다.

그러나 비타민 A는 인이 없으므로 뼈가루와 함께 사용하는 것이 더욱 좋다.

(14) 콩깻묵

콩깻묵이란 다 주지하는 바와 같이 콩에서 기름을 짜낸 찌꺼기이다. 식물성 사료 중에서는 단백질이 단연 많고 전분가도 꽤 많으므로 특히 비육하는 모든 가축에는 불가결의 사료이다.

(15) 기타의 깻묵류

기타의 깻묵류에 대해서도 앞에서 이미 기술하였다. 그러므로 여기서는 더 이상의 설명은 생략하겠다. 그러나 기타의 여러 깻묵류도 단백질과 지방이 많은 사료이다.

(16) 고구마

감자와 함께 식물성 중에서도 가장 전분을 많이 함유하고 있는 사료이다. 단백질과 무기물은 극히 적고 비타민은 거의 없다.

수분은 20% 정도, 단백질이 가장 많은 것도 5.5% 밖에 안되고 지방은 불과 4.5% 밖에 안되며 그 양분의 대부분은 탄수화물로 되어 있다.

그러므로 사료로 쓸 때는 여러 가지를 섞어 주는 것이 좋다. 특히 쌀겨나 어분 혹은 청채물 부스러기를 섞어 쓰는 것이 좋다.

(17) 고구마 덩굴

가축사료로는 매우 잘 이용되는 사료이다. 흔히 고구마만 채취하고 덩굴은 버리거나 거름으로 쓰는 경우가 많으나 이것은 매우 아까운 일이다.

전분은 없지만 탄수화물이 많고 단백질도 비교적 많다. 비타민도 상당히 함유되어 있으므로 버리지 말고 곱게 썰어 말리거나 엔실레이지로 만들어 쓰면 모든 가축에게 특히 겨울철의 청초 대용사료로 요긴하게 쓸 수 있다.

(18) 어분(魚粉)

일반 민물고기든, 비닷고기근 상관 없으나 고기의 종류에 따라서 그 영양가에 다소의 차이가 있다.

또 품질에 따라 그 성질이 각각 달라지지만 대체로 모두 양질의 단백질을 많이 함유하고 있다.

그중 많은 것은 무려 85% 이상의 단백질이 있고 적은 것이라도 50% 이상이나 함유되고 있다.

또 지방질도 많지 않다. 이밖에 인산석회, 옥도(沃度), 염소, 비타민 같은 것도 상당히 함유하고 있다.

그러므로 어분은 사료 중에서도 가장 뛰어난 영양가치가 있어 귀중한 사료로 다루어지며 순수 단백질의 공급원으로서의 역할이 크다.

그래서 특히 성장 중의 새끼 염소에게 비육사료로 쓰면 좋다. 그러나 물고기, 특히 바닷물고기는 기름기를 빼지 않은 것이 많고 또 변질된 것은 가루로 만든 것이 많으므로 가축 사료로는 전 사료의 20% 이내로 쓰도록 한다.

반드시 다른 녹사료나 겨류와 섞여 먹이도록 한다.

(19) 두부비지

생비지는 단백질이 50~60%나 들어 있는 우수한 사료이다. 마른 것도 26.5~29.5%가 들어 있고 지방도 많은 것은 11~12%까지 함유하고 있다. 이렇게 양분이 많은 사료라서 모든 가축에게 널리 이용되고 있다.

(20) 엿 지게미

엿을 만드는 연료에서 여러 가지가 있다. 그래서 그 원료에 따라 지게미의 성분도 달라진다. 일반적으로는 곡식으로 만들어지는 것으로서 대체로 생지게미는 단백질이 14%정도이고 마른 지게미는 32~33% 정도 함유되고 있다.

이것은 특히 소화를 돕고 식욕을 증진시키는 작용을 하므로 다른 사료의 이용성을 높이는 효과를 내는 좋은 사료이다.

(21) 술 지게미

모든 술 지게미는 단백질이 많아 보통 15~25% 정도가 함유되어 있다. 또 탄수화물은 맥아당이나 포도당의 상태로 함유되어 있어 영양분이 비교적 많아 염소가 좋아하는 사료이다.

그러나 알콜 성분이 남아 있고 산(酸)이 상당히 많이 들어 있어 많이 급여하면 여러 가지 장해가 생기는 수가 있으므로 소량에 그치도록 한다.

(22) 간장 지게미

간장은 콩을 원료로 해서 만들어진다. 그래서 그 영양가는 매우 좋으나 소금기가 너무 많아 많은 분량을 주어서는 안 된다. 그러므로 그 사용량은 농후사료량의 10%를 넘지 않아야 한다.

(23) 전분 찌꺼기

고구마나 감자에서 전분을 만들 때 나오는 찌꺼기이다. 날 것은 수분이 많으므로 말려서 쓴다.

이것은 가용무질소물(可溶無窒素物)이 주성분으로 단백질, 비타민류, 석회, 인 등이 부족하므로 이들 성분의 함량이 많은 사료와 배합해 주는 것이 좋다.

(24) 야초

야초에 대해서는 이미 앞에서 기술한 바 있지만 야초는 자연계에서 얼마든지 얻을 수 있는 사료이다. 그 영양가는 종류에 따라 각각 차이가 있는데 어떤 종류에 있어서는 그 영양가가 곡식류보다 오히려 월등한 것도 있다.

아주 좋은 것은 어분에 가까울 정도의 깻묵류와 맞먹는 것도 있다.

다시 말하면 풀 중에서 가장 영양가가 풍부한 것은 콩과 식물이고 그 다음이 국화과, 벼와 식물의 순이다.

이 중에서도 콩과식물은 그 양분중에 단백질이 특히 많아 보통 청초는 5~6%가 함유되고 건물(乾物)로는 15~20%나 들어 있다.

특히 개화 직전의 것과 완전히 건조된 것은 20~40%나 함유되어 이어 그 영양가는 최고품인 깻묵류와 같다. 보통 건조된 것은 쌀겨의 14%, 밀기울의 16%와 맞먹는다.

이에 대해 국화과나 벼과식물은 날것에서 국화과가 대체로 2~3%, 벼과가 평균 1~2%의 단백질 밖에 함유되지 않아 콩과 식물에 비하면 대략 2분의 1밖에 안되는 셈이다.

그리고 다른 종류의 사료에 비하면 대체로 곡류보다는 낮지만 그 건조된 것은 겨류와 맞먹는다.

그러나 염소의 경우 섬유질이 많은 벼과식물은 가장 중요한 필요불가결한 기초 사료이다. 이밖에 야초에는 위에 기술한 주성분 외에도 많은 무기물과 각종 비타민이 많이 함유되어 있어 녹사료로서 귀중한 것이라서 염소의 주사료로 이용되고 있다.

(25) 칡

야초 중에서는 아마 칡잎이 가장 영양가가 많을 것이다. 칡은 우리나라 산야의 도처에서 자생하고 있으나 일부만 되고 있을 뿐이다.

그러나 미국에서는 최근 이것을 황무지에 재배하여 목축용으로 많이 생산하고 있어 매우 귀중한 식물로 다루어 지고 있다.

우리도 유휴지나 황무지에 이것을 심어 그 지질향상을 도모함과 동시에 목초재배의 새로운 국면을 개척하고 그다지 비옥하지 않는 땅에서 다른 작물과 함께 심어 일거 양득의 효과를 올리도록 하는 것이 바람직하다.

(26) 아카시아 잎

아카시아 잎은 모든 가축에게 귀중하게 쓰이는 것이다. 특히 겨울철의 녹사료로서 널리 이용되고 있다.

영양가는 칡잎 만큼은 되지 않으나 건조된 것은 단백질이 굉장히 많고 비타민과 무기질도 적지 않다. 그래서 질이 좋지 못한 곡물보다 오히려 좋은 사료로 되고 있다.

그러나 늦가을의 낙엽 직전의 것은 전혀 가치가 없으므로 가급적이면 개화 전후의 잎을 따 말려서 쓰도록 한다.

(27) 싸리

싸리나무 잎은 개화시기에 가장 영양가가 많다. 꽃에는 당분이 많고 잎에는 단백질이 많으므로 꽃과 잎을 함께 가급적이면 개화시기에 채취해 말려서 겨울철의 보조사료로 쓰면 매우 좋은 사료가 된다.

건조된 것을 가루로 빻아 겨울철의 녹사료로 이용하기도 한다.

(28) 벼과 목초

벼과식물은 일반적으로 뿌리가 얕고 넓게 퍼져 분얼, 즉 새끼치기를 하므로 양분을 잘 흡수한다. 특히 질소분을 주면 줄기 잎이 뻗어서 생산량이 오른다. 그리고 건초로 할 경우에도 아주 잘 마른다. 이에는 다음과 같은 주된 품종이 있다.

(a)오오차이드 그래스

전국에 널리 보급되고 있는 목초로서 10a당 22500kg의 수확기록이 있다. 더구나 건조에도 잘 견디며 재생력이 강한 영년생(永年生) 목초로서 심은지 2~3년째가 수확최적기이다. 라디노 클로우버와 섞어 심는 수가 많고 과수원의 하초(下草)로도 가꾸어진다.

(b) 티모시

내한성이 강한 영년생 목초로서 북부지방이나 고냉지에 알맞다. 봄의 풀서기가 오오차아드 그래스보다 약 반달 내지 1개월 정도 늦어진다. 레드 클로우버와의 혼파가 보급되고 있다.

(c) 이탈리안 라으그래스

가을에 파종하여 이듬해 봄부터 여름까지 이용하는 월년생 목초로서 이른봄부터 자라서 여름까지에는 2~3회 베어낼 수가 있다. 콩과 목초와 혼파한다.

(d) 페레니얼 라이그래스

이것도 도처에서 재배되고 있는 영년생 목초이다. 라디노 클로우버와 섞어 심는다.

(29) 콩과 목초

목초는 재생력이 강하여 몇 번이고 베어낼 수가 있다. 특히 목초 중에서도 콩과 목초의 영양가가 높아 일반 가축이 즐겨 먹는데 주된 목초로는 라디노 클로우버, 레드 클로우버, 알팔파, 화이트 클로우버, 자운영, 더토워켄 등이 있다.

(30) 소금

우리가 보통 급여하는 사료에는 염소나트륨이 없으므로 염소의 생리에 맞추기 위해서는 소금을 별도로 공급해야 한다.

소금은 몸 속의 이온 작용에 없어서는 안되는 것이며 한편, 사료의 맛을 돋구어 주고 식욕을 높이는 효능을 가지고 있다

II. 초지(草地)의 개량

(1) 염소 사양을 위해서는 초지개량을

염소를 기르기를 유리하게 하기 위해서는 영양이 풍부한 청초를 충분히 얻을 수 있는 것이 가장 필요하다. 우리 나라는 풀의 자원이 풍부하여 논두렁, 제방, 하천부지, 길옆, 벌판, 산림, 하초 등 도처에 잡초가 무성하고 있다.

그러나 이것을 염소에게 이용하려고 한다면 반드시 좋은 사료라고만 할 수 없다. 그래서 이들 초지의 풀의 질을 개선하고 또 다량의 풀을 생산할 수 있도록 이른바 초지개량을 하는 것이 매우 중요하다.

초지개량이 된 땅에서 생산되는 청초의 양과 잡초가 무성하게 자라도록 방치해 둔 땅에서 나오는 풀의 양을 비교해 보면 다음과 같은 큰 차이가 있다는 것을 알 수 있다.

개량되지 않는 밭두렁의 풀	10 a 당 1,000kg
제방·하천가의 풀	2,000
도로변의 풀	800
자연벌판의 풀	450
임야의 풀	450
개량된 밭두렁의 풀	4,000

고도로 집약된 초지   11,000

즉 풀을 채취할 수 있는 당이 있을 경우에는 그 초지의 초생개량을 함으로써 염소 기르기는 굉장히 유리하게 된다.

(2) 풀은 토양을 보전하고 지력을 양성한다

풀은 표토의 유출을 방지하고 부리는 토양유기질로 축적되어 이것이 부식됨으로써 토지는 개량된다.

특히 콩과식물은 뿌리혹균에 의해 질소를 고정시키므로 토지가 비옥해진다.

개량이 진행됨에 따라서 수량은 10a 당 450kg에서 800kg로, 나아가서는 1,200kg으로 점점 많아진다. 그래서 최후의 목표인 11,000kg의 수확도 어렵지 않게 된다.

이렇게 되면 경지(耕地)에서의 2~3모작에도 맞먹는 셈이 되며 풀이야 말로 가장 생산력이 있는 작물이라 할 수 있게 된다.

(3) 초생 개량의 방법

초지, 즉 초생을 개량하기 위해서는 지표처리, 토양의 준비, 기상조건의 양화, 유량초종의 도입 등을 중심으로 해 나간다.

① 지표처리

ⓐ 베어내기 : 목초는 일반적으로 재생력이 왕성하다.

그러나 잡초는 베어내기를 하게 되면 초세가 약해지는 것이 많다.

베어내는 것은 횟수가 많을 수록 잡초는 약해진다. 잡초의 베어내기는 개화기부터 종자 성숙기까지가 가장 효과적인 시기이다.

잡초가 약해졌을 때 목초의 씨를 뿌려 두면 베어낼 때마다 잡초가 적어지고 목초가 많아진다.

ⓑ 불 지르기 : 벌판의 풀을 태우면 그 재가 비료로 되어 풀류의 생산량

이 늘어난다고 생각하였지만 시험조사 결과에 의하면 이것은 틀린 생각이었다. 불 지르기를 한 결과는 오히려 풀의 생산량이 줄어드는 것이 보통이라고 한다.

ⓒ 약제에 의한 잡초의 구제 : 최근 잡초의 제초제로는 여러 가지가 나오고 있으므로 자라고 있는 풀을 조사하여 그것을 구제하기에 적합한 약제를 사용하면 잡초를 없앨 수가 있다. 그런 뒤에 목초의 씨를 파종한다.

② 토양처리

ⓐ 관개배수 : 땅이 마른 곳은 물주기를 하고 습지는 배수가 잘 되게 하면 초량이 증가하여 초질이 향상된다. 최근에는 각지에서 초지의 관개가 이루어져 효과를 거두고 있다.

목초지에 관개함으로써 연간 3~4 회의 베어내기를 할수가 있어 10a 당 7,500~18,000kg이나 수확하는 곳이 있다. 또 습지에는 배수를 하게 함으로써 갈대, 사초와 같은 불량한 습지의 풀이 줄어들고 목초의 생육이 좋아진다.

ⓑ 갈아 엎기 : 초지를 갈아 엎는 것은 잡초를 매워 넣고 토양에 유기물을 주어 부패를 촉진하게 함으로써 목초의 종자를 뿌리는데 좋은 조건을 만들게 한다.

〈목초의 밑거름 표준량〉

구 분	퇴 비	유안석회 질 소	용성인비 과 석	염화칼리 유산칼리	소석회
	kg	kg	kg	kg	kg
다수확재배	3,000~4,000	10~20	45~55	8~12	75~110
보통재배	1,000~2,000	8~15	20~30	4~8	40~80
토양조건이 좋은 곳	1,000~2,000	10~20	30~40	4~8	75~110
토양조건이 나쁜곳	2,000~3,000	20~25	55~75	8~12	75~150

주 : 소석회 대신 농용석회를 사용할 경우는 30% 증가 살포하여야 함.

갈아 엎은 것은 전면 갈아 엎기가 제일 좋은데 노력 기타의 관계에서 일정한 간격을 두고 띠 모양이나 우물정자 모양으로 갈아 엎도록 한다.

만약 그것도 힘겹다면 심을 홈을 파거나 파종때만이라도 갈아 엎고 거기에 목초씨를 뿌려 점차 목초의 증식을 도모하는 방법도 있다.

③ 비료 주기

최근 목초를 심는 방법은 거의 벼과와 콩과의 혼파방식을 취하여 다수확 재배를 하고 있으므로 여기서는 혼파 목초의 경우를 기술하기로 한다.

목초를 만들 경우, 처음에 밑거름을 주고 다시 매년 덧거름을 줄 필요가 있다. 목초의 밑거름을 주는 표준시비량은 위의 표와 같다.

우리 나라의 토양에서 일반적으로 가장 부족한 것은 인산과 석회이다. 따라서 밑거름으로 인산과 석회는 중점적으로 시비하지 않으면 안 된다.

더구나 인산분은 덧거름으로 주면 효력이 떨어지므로 반드시 밑거름으로 주어야 한다.

석회는 산성 토양을 고치기 위해 사용하지만 목초는 일반적으로 중성에서 약산 산성을 즐기므로 갈아 엎기 전에 토양검정기로 측정해서 산정을 고쳐 주는 것이 좋다.

특히 들판의 자연초지에서는 pH 4~5라는 강한 산성의 곳이 많고 석회를 쓰지 않으면 거의 생육하지 못하는 곳도 있다. 콩과 목초에는 특히 필요하다. 석회는 소석회나 농용석회를 쓰면 된다.

(4) 목초를 자연초지에 도입하는 방법

① 밭두렁이나 도로변의 초생 갱신법

목초를 파종하고자 하는 곳은 여름에 야초를 한 두번 얕게 베어내어 세력을 약하게 해 둔다.

쇠뜨기, 쑥과 같은 강한 야초가 있는 곳은 7~8월의 풀베기를 한 후, 제초제로 고사(枯死)시켜 놓는다.

파종 시기는 8월 하순에서 9월까지이며 파종하기 전에 야초를 베어내어 산성이 강한 곳은 농용석회를 뿌려 pH 6정도로 해 둔다.

비료는 10a 당 유안 8~11kg, 중과석 26~30kg, 염화칼리 4~8kg 정도로 전면 살포하고 괭이로 표토를 갈아둔다.

파종이 끝나면 흙과 잘 밀착되게 밟아 놓는다. 덧거름으로는 염소의 오줌을 물에 타서 주면 좋다.

② 제방, 둑, 등 경사지의 초지개량

경사가 급한 초지에서는 비를 맞아 씨나 비료가 유실되어 버리므로 등고선을 따라 파종 골을 판다. 파종할 골의 상하의 간격은 30~60cm로 하고 폭 9~12cm, 깊이 6cm 정도로 하고 여기에 비료를 살포한 뒤 씨를 뿌린 다음 밟아 놓는다.

둑은 밭두렁보다 토질이 떨어지므로 10a 당 유안 18.7~22.5kg, 중과석 37~37.5kg, 칼리 7.5~11.3kg, 정도를 시비한다.

괭이로 파는 것을 금하고 있는 제방이나 하천변에서는 퇴비를 경단 모양으로 만든 것에 목초씨를 넣고 얕게 표토를 깍아낸 자리에 밟아 넣기를 해 두면 거기에서 목초가 펴져 간다.

③ 급경사면의 초지개량

경사가 30도 정도까지의 경사지라면 앞에서 기술한 것과 같은 방법으로도 되지만 이보다 더한 경사지에는 괴상점파법이라는 방법을 쓰면 좋다.

이 방법은 10a 당 잘 썩은 퇴·구비 1,125kg(300貫))에 유안 15~18.5kg, 중과석 25~30kg, 칼리 3.7~7.5kg, 초목회 37.5kg 정도를 잘 섞어 절반으로 갈라 놓고 벼과 목초의 씨를 넣은 경단과 콩과 목초의 씨를 넣은 경단을 따로따로 절반씩 만든다.

경단의 크기는 2kg정도로 하면 된다. 이렇게 하는 방법이 2가지 씨를 섞어 넣는 것보다 성적이 좋다.

점파, 즉 점뿌리기를 하려는 초지는 팽이로 표토를 지름 15~18cm 넓이로 깍아내고 약간 파내어 곱게 흙을 고르고 여기에 경단을 놓고 밟는다.

퇴비 1,125kg(300관)에서 500~600개의 경단을 만들수 있으므로 3.3㎡(1평)당 3개 정도의 비율로 심어 넣는다.

목초의 종류로는 비과에서는 오차 드 그래스, 페니 얼라이 그래스 등을, 콩과로는 레드 클로버 또는 라디노 클로버 등이 좋다.

이 괴상점파법은 급경사된 초지에는 가장 적합한 방법인데 밭두렁, 제방 등을 갈아 엎지 않고도 목초지화하는 방법에 응용할 수가 있다.

④ 평지의 나무숲 하초(下草)의 조성

평지의 나무숲 하초의 개량에도 목초의 도입이 좋다. 종류로는 오차 드 그래스, 페레니얼 라이그래스, 라디노 클로우버, 레드 클로우버가 좋다. 파종량은 다소 많게 10a당 2~3kg으로 한다.

⑤ 일반 목야지의 초지 조성

목야지를 갈아 엎고 땅고르기를 한 뒤 목초를 파종하는 것은 개간과 마찬가지이다.

초지 조성에 대해서는 정부의 지원도 받을 수 있으므로 인근 농협이나 행정기관에 상의해 보는 것이 좋다.

12. 목초와 사료작물의 재배

모든 초지를 이용해서 염소가 즐기는 목초지를 만드는 것은 물론 중요한 일이지만 그래도 겨울철의 녹사료의 준비나 곡물류를 마련하기 위해 약의 사료작물을 재배할 필요가 있다.

녹사료를 생산하기 위해서는 논뒷그루재배나 휴한기의 밭을 이용하고 또는 뽕밭의 사이짓기, 과수원의 하초 등을 이용하는 등의 방법을 생각할 수 있다.

열매류를 채취하기 위해서는 보리류나 옥수수, 밀 등을 재배하여 농후사료로 이용해서 영양의 보급용으로 쓴다.

다음에 청초류와 뿌리채소류의 재배표를 게시하므로 각 지역에 알맞는 작물을 재배하여 사료의 증산을 도모하는 것이 좋다.

〈사료작물의 재배개요〉

구분	목초명	이용년한	용도	적지		베는횟수 생초수량	파종시기
				기후	흙		
콩 과	라디노 클로우버	5년	풋베기 밭두렁 토양보건	가리지 않음	수분풍부	4~8회 8,000~ 12,000kg	4~5월 8~10월 상순
	레드 클로우버	2~3	풋베기건초, 엔실레이지	어두운 곳에 약함	보통땅	2~5 4,000~ 8,000	3~6 8~12
	알사이 클로우버	2	위와같음 ·논뒷그루짓기	추위에 강함	보통땅	1~2 4,000	3~5 7~11
	알팔파 (루우산)	4~8	풋베기, 건초	가리지 않음	산소에 강함	4~6 4,000~ 8,000	4~5 8~10 상순
	와이트 클로우버	다년	토양보적, 풋베기	가리지 않음	위와같음	4~6 4,000~ 8,000	4~5 8~10 상순
	자운영	1(월년)	풋베기	난지에 좋음	답리작	1 3,000~ 4,000	8하순~ 9월하순
	코몬베치 (더토위켄)	1(월년)	풋베기	추위에 다소 강하다	배수양호	1 3,000~ 6,000	3~5 9~11

	헤어리베치	1(월년)	풋베기	추위에 강함	위와같음	1 3,000~6,000	위와같음
벼 과	오차드그래스	6~10	풋베기, 건초	가리지 않음	가지리 않음	2~3 5,000	8~11 4~5
	티모시	5~6 4,000	풋베기, 건초	습윤하고 서늘한곳	가리지 않음	2~3 4,000	9~12 2~3
	이탈리안라이그래스	1 (난지월년)	풋베기. 건초	추위에강함, 난지	가리지 않음	2~5 4,000~6,000	9~12 2~4
	페레니얼라이그래스	6~7	풋베기, 건초	더위에 약함	보통땅	2~3 3,000	9~10 2~5

〈풋내기작물 및 뿌리채소류〉

작물명	용 도	10a당 수량 kg	파종시기 월	10a당파종량 l
콩	풋베기·건초	1,000~3,200	5~6	대립 14~18 중립 10~14 소립 7~10
귀리	풋베기, 엔실레이지	3,000~5,000	3~4 9~10	9~10
보리	풋베기, 엔실레이지	3,000~5,000	9~11	9~15
호밀	풋베기, 엔실레이지	3,000~5,000	8~11	9~14
레에프 (사료용유채)	풋베기, 엔실레이지	1,000~4,000	8~10	직파 1.3~1.8 이식 0.7~0.9
케일	풋베기, 잎따기	위와 같음	8~10	0.24~0.36
사료용무청	겨울사료용	4,500~6,000	3~5 8~9	0.4~0.8kg
루타바가	위와 같음	4,000~5,000	3~5 8~9	0.9~1.0 l

고구마	풋베기, 엔실레이지	4,000~6,000	5~6	3,600~5,500
감자	겨울사료	2,400~4,000	2~4	120~160kg
해바라기	풋베기	6,000~10,000	3~6	1.0kg
돼지감자	풋베기, 감자	감자 800~1,000 줄기잎 1,000~1,800	2~3	65cm에 1개씩

13. 사료의 저장

(1) 저장의 중요성

양질의 조사료를 연중 내내 급여하는 것이 초식가축사육의 가장 중요한 것이다. 그러기 위해 봄부터 초여름의 너무 연한 풀은 피하고 한 여름에서 가을의 풀을 저장해서 겨울에 대비하지 않으면 안된다.

특히 겨울부터 봄에 걸쳐서는 염소의 번식기에 해당하므로 사료가 부족되지 않도록 준비할 필요가 있다.

저장방법에는 건조법과 매장법(엔실레지, 사일레지)이 있다.

(2) 건조법(乾草)

묵초나 나뭇잎, 싶류, 넝쿨줄기류(산야에 자생하는 콩과의 칡잎 등)은 볏 짚덕 또는 삼각대에 막대를 지르고 거기에 걸쳐 충분히 말린 것을 묶어 염소사의 천정이나 창고, 헛간, 처마 밑 등에 지장하는데 곰팡이가 끼지 않도록 주의한다.

다시 설명하면 날씨가 좋은 날을 택해서 베어내어 얇게 펼쳐 놓고 2~3시간마다 쇠스랑으로 뒤집으며 말리면 한나절이면 50~60%말릴 수가 있다.

말린 풀은 저녁 때 걷어내어 건초시렁에 올려 놓거나 한다. 또는 그대로 쌓아 놓고 그 속에 삼각막대기를 넣어 밑에서 공기가 통하게 해 놓는다.

직경 20~25m 정도로 쌓아 올리고 위에는 거적이나 이엉을 씌워 비나 이슬에 젖지 않도록 한다.

이렇게 해 두었다가 이튿날 다시 펴서 말리면 2~3일이면 완전히 말려진다.

충분히 마른 풀은 약간 탄력성이 있고 향기로운 냄새가 나면서 연한 황록색으로 윤택이 난다. 색깔이 거무스름하고 갈색을 띤 것은 좋은 것이 아니다.

한편, 근채류는 지하실이나 움, 굴속에 매장하면 추운 지방에서도 얼리지 않고 월동시킬 수가 있다.

(3) 매장법(엔실레지, 사일레지)

① 저장사료의 필요성

목초나 풋베기작물을 일시에 다량으로 수확했을 때는 저장사료 즉 엔실레지(일명 사일레지)로 해서 저장해 두면 필요한 때 사용할 수가 있다.

이 엔실레지는 염소가 처음에는 먹기 싫어하는 수도 있으나 공복시에 밀기울 등을 묻혀서 소량씩 주고 점차 양을 늘려 주면 익숙해져서 즐겨 먹게 된다. 큰 염소 1마리 당 하루의 급여량은 1.5~2.0kg이다.

② 사일로(저장창고)를 만드는 법

사일로는 그 만드는 방법에 따라서 저장식, 지하식, 반지하식이 있으나 농가용의 염소사육에는 지하식이나 반지하식의 소규모의 것이라도 충분하다.

사일로의 크기는 염소의 사육마릿수, 엔실레지의 급여기간에 따라 결정된다.

구축하는 위치는 가급적 높고 건조하며 지하수가 낮은 곳으로서 축사에 가깝고 운반에 편리한 곳이 좋다. 빗물이나 눈이 녹은 물이 침입하지 못하도록 고안하면 된다.

사일로는 종래는 시멘트로 만들어졌으나 근년에는 드럼통을 이용하거나 굴을 파서 비닐로 덮는 방법 등, 여러 가지가 있으므로 농협이나 농촌지도소의 축산기술자와 상담하여 지도를 받으면 더욱 안전하게 작업할 수가 있다.

시멘트로 만드는 것은 보통 시멘트를 형틀에 부어 넣고 만드는데 우선 형틀부터 만들어야 하므로 다소 불편하다.

그래서 극히 간단한 방법을 소개하면 우물 축조용 시멘트관을 연결해서 사일로로 이용할 수가 있다.

그 방법은 우선 깊이 1m의 구덩이를 파서 시멘트관(직경 0.19m〈3척〉, 깊이 1.82m〈6척〉) 1개를 넣는다. 이 관에는 바닥이 없으므로 거기에 자갈을 깔고 그위에 콘크리이트관을 올려 놓아 연결시킨다.

이렇게 하면 간단하고도 싸게 사일로를 만들수가 있다. 우물용 시멘트관에는 그 크기가 여러 가지가 있으므로 필요에 따라서 적합한 것을 골라 쓰면 된다.

사일로의 크기와 엔실레이지의 매장량은 다음표와 같다.

〈사일로의 크기와 엔시레이지의 저장량〉

직경 \ 깊이	1.52m (5척)	1.82m (6척)	2.12m (7척)	2.42m (8척)
0.91m (3척)	611~664kg	701~761kg	851~926kg	975~1,061kg
1.21m (4척)	1,084~1,178	1,301~1,414	1,519~1,650	1,736~1,886
1.52m (5척)	1,691~1,838	2,025~2,210	2,370~5,766	2,708~2,944

즉 0.91m×1.82m의 사일로에는 760kg 정도의 엔실레이지를 만들 수 있다.

③ 엔실레이지를 만드는 법

염소의 엔실레이지로는 풋베기 옥수수, 풋베기 귀리, 목초류, 자운영, 감자 덩굴, 잔상(殘像), 잠사, 산야초 등인데 이를 2~3cm로 잘게 썰어 사일로에 밟아 넣고 그 위에 뚜껑을 덮고 다시 무거운 돌을 올려 놓고 저장한다. 채워 넣는 시기는 재료의 준비만 되면 언제라도 좋지만 주로 겨울 사료로 이용하므로 가을철(10월 중순)에 채워 넣는 것이 가장 좋다.

벼과의 풀은 수분이 꼭 알맞으므로 그대로 채워 넣을 수 있으나 콩과의 풀은 그대로는 당분(糖分)이 적어 유산발효가 충분히 이루어지기 어려우므로 벼과 7에 콩과 3의 비율로 섞는 것이 좋다.

고구마덩굴, 무우잎, 미청잎, 자운영 등은 수분이 많으므로 반쯤 말려서 채워 넣거나 벼과의 풀과 섞어 놓는다.

또 쌀겨나 밀기울, 보릿겨 등을 섞으면 수분 조절도 할 수 있고 영양분으로도 좋은 사료가 된다.

재료를 채워 넣을 때는 특히 벽쪽을 중심으로 해서 차곡차곡 채워서 넣는다. 밟아넣기가 불충분하면 벽쪽에 공간이 생겨 곰팡이가 생기는 원인이 된다.

눌러 놓는 돌은 수분이 적은 재료에는 무겁고 단단한 돌을 얹어 놓고 수분이 많은 재료에는 가볍게 하기 위하여 가벼운 돌을 놓는다.

이렇게 해서 2~3일 지나면 재료는 압축되어 감량되므로 2~3회 부족분을 보충해 넣고 그 위에 비닐을 덮고 판자 뚜껑을 얹고 무거운 돌로 눌러 놓는다.

잘 만들어진 엔실레이지는 새콤달콤하게 발효가 되면 향기가 나며 맛은 약간 신 맛이 난다.

색깔은 가급적 녹색이 담겨진 누르스름한 초록색의 것이 좋고 암흑색이

될 수록 나쁘다. 거무스름하게 곰팡이가 핀 것은 위험하다.

한편, 채워 넣기 작업은 하루에 꼭 끝내야 할 필요는 없고 오히려 2주일 쯤에 걸쳐서 채워 넣고 누름돌의 무게로 매장재료가 가라 앉는 것을 기다려서 그 위에 채워 넣는 식으로 해서 만고가 되게 하는 것이 좋다.

이런 방법으로 매장하면 1개월 반에서 2개월이면 완숙하여 다소 신맛을 띤 발효냄새가 나는 엔실레이지가 완성되므로 매일 조금씩 꺼내어 급여할 수가 있다.

제7장 번식(繁殖)

씨염소(암컷 · 수컷)가 좋은가 나쁜가에 따라서 염소사육에 성공하는 가의 여부가 달라진다. 그러므로 씨염소의 선택에는 주의할 필요가 있다. 건강하고 비유능력이 우수하며 혈통이 분명하여 표준체형에 적합한 것을 골라야 한다.

1.생식 생리와 연령

염소는 가을부터 이듬해 3월까지의 사이에 주기적으로 발정이 되풀이 되는 번식기가 온다.

번식 전반기는 발정이 왕성하고 규칙적이지만 12월부터 이듬해 3월까지는 발정이 점점 미약하여 불규칙하게 되었다가 4월 이후에는 다음 발정기까지 발정하지 않게 되는 것이 보통이다.

연구한 바에 의하여 염소와 면양의 번식기는 일조시간과 관께가 있어 염소와 면양은 가을부터 겨울에 걸친 단일기(短日期)에 번식기를 가진다는 것을 알 수 있었다.

염소는 암·수가 모두 생후5~6개월 경이 되면 발정하기 시작한다. 그러나 번식 연령은 생후 3~4월이라도 가능하다. 이 때문에 암컷과 수컷은 갈라 놓고 기를 필요가 있다.

이상적으로는 수컷은 생후 1년 반 이후부터, 암컷은 생후 1년 이후부터 7~8세 정도까지가 좋다. 염소의 몸은 3~4년이면 완숙해진다. 그러므로 이보다 일찍 교배시키면 수태·분만은 하지만 몸의 발육이 불충분하기 때문에 체격이 형성되지 못하고 본래의 능력을 발휘할 수가 없다. 또 빨리 늙어 공용연한(供用年限)이 짧아지는 경향이 있다. 또 그 종자의 새끼 성적도 좋지 않다. 그러므로 이상적인 연령이 되는 것을 기다려서 교배시켜야 한다.

(1)성의 성숙

염소는 극히 빠른 것은 생후 3개월만이면 발정하여 수태·분만할 수 있는 것도 있으나 이것은 드문 예이고 보통 5~6개월이 되면 발정기를 맞는다.

봄에 낳은 새끼 염소도 가을에는 난자와 정자를 배출시킬 수는 있으나 만 2년 정도 자라야만 완전한 어미구실을 할 수 있다.

이러한 점을 고려해 보면 보통 염소를 사육할 때 일시적인 이익만을 생각하고 1년 밖에 안 된 염소에게서 새끼를 얻는 것은 완전히 발육을 저해하는 결과를 초래하게 된다.

1년 밖에 되지 않은 염소에서 새끼를 얻으면 우량종을 구입하여 길렀다 하더라도 체구와 유량이 적게 나온다. 이것은 몸의 발육과 임신, 비유를 동시에 겸했기 때문이다.

교배는 분만시기가 3월경이 될 수 있게 조절하도록 하고 분만 후 새끼의 젖 먹는 상태에 따라서 그 육성에 각별한 주의를 해야 한다.

체중과 착유량이 일정한 것은 아니지만 대체로 체중을 기준해서 보면 하루의 착유량이 3 l 정도의 것은 25kg이상의 체중을 가져야 하며 4 l 인 것은 30kg정도는 되어야 한다.

우량은 염소는 25kg이상이 되어야 다음 해에 번식용으로 쓸 수가 있다. 이런 점을 고려하고 번식관리때 기준이하의 염소는 교배시키지 말아야 할 것이다.

수컷도 1년생은 10~20마리 정도만 교배에 응하게 해야 한다. 1년생과 2년생 염소를 번식에 썼을 경우를 비교해 보면 다음과 같다.

ⓐ 1년생은 2~4년생 염소에 비해 체중과 가슴 부위등은 뒤떨어지지만 키나 몸의 길이에는 차이가 없다.

ⓑ 비유량은 초산 때에는 적지만 그후에는 차이가 없다.

ⓒ 비육만 충분한 염소라면 1년생도 번식에 이용해도 된다.

(2) 번식 연한

초산 이후 몇 년까지 번식 착유에 이용할 수 있는가를 알아 보자. 염소는 경제적인 동물이므로 약 10년 정도는 이용할 수 있으나 건강한 새끼를 얻고 유량이 저하하지 않는 기간을 염두에 두어야 한다.

대개 일찍 늙어 조기에 도태하는 원인은 당년부터 번식에 이용하여 매년 계속 번식시키면서 사료가 충분하지 못한 겨울철에 임신하거나 또는 영양 조절을 제대로 하지 못하는 등으로 계획성 없는 사육을 할 경우에 생기는 것이 보통이다.

미국이나 영국과 같은 나라에서는 10년 이상 번식과 착유를 계속하는 예가 허다하여 15~16년생의 젖염소에게서도 하루 4~5 l 의 젖을 생산할 정도이다.

(3) 번식시기의 조절

품종과 지역에 따라서 차이가 있으나 낮의 길이가 짧은시기에 뇌하수체가 자극되어 호르몬의 분비가 일어나 가을이나 겨울에 번식기가 되는 결점이 있다. 외국의 예를 보면 미국의 누비아종이나 일본의 재래종과 같은 것은 연중 내내 시기에 구애됨이 없이 번식이 가능한 것도 있다.

일조시간의 길고 짧음에 영향을 받는 경우에는 남반구에서는 반대 현상을 일으키고 위도(緯度)가 낮은 대만에서 기르는 자아넨 잡종의 경우 연중 어느때나 번식이 가능하다.

이러한 현상은 필리핀이나 오끼나와 등지에서도 볼 수 가 있다. 또 일조시간의 장단에 변화가 없는 열대 지방의 염소는 단일(短日)자극에 의한 변화자극이 없기 때문에 연중 호르몬 분비를 하는 것으로 해석된다.

영국에서 자궁외 착상임신에는 실패했으나 발정과 배란 수태 등을 자유로이 조절할 수 있게 하는데 성공했다고 한다.

또 번식하지 않는 시기에 발정의 유발과 수태에 대해 시험한 결과 호르몬을 급여하는 것보다 호밀의 싹을 급여해서 좋은 성과를 거둔 예도 있다.

보리싹은 첫날 200g을 주고 다음날 부터는 매일 100g씩 발정할 때까지 계속 주었더니 빨리 발정하는 것이 8일, 늦은 것은 23일, 평균 16일이었다고 한다.

〈미국 젖염소의 월별 분만 비율〉

월 별	분 만 비 율	월 별	분 만 비 율
1월	5.0%	7월	30.3%
2월	19.66	8월	1.17
3월	30.43	9월	0.39
4월	2.02	10월	0.18
5월	13.47	11월	0.28
6월	8.99	12월	0.87

이 시험에서 보리싹을 주면 비유능력이 늘어난다는 것을 알 수 있었다.

보리싹 급여의 시험 결과는 처음 미국에서도 효과를 거두었다고 한다.

이 시험에는 밀을 이용하였는데 밀을 1주일간 물에 담그어 두었다가 건져내어 가마니나 멍석을 깔고 그위에 3cm두께로 펴서 널었다.

그 위에 다시 거적을 덮고 4~5일 동안 1일 2~3회씩 물을 뿌려 주어 마르지 않도록 관리한다. 싹이 3~4cm 정도 발아된 밀을 하루에 2 l 씩 주었더니 15마리 가운데서 12마리가 발정하여 9마리는 수태 되었고 나머지 3마리도 다음 발정에서 수태했다고 한다.

밀 외에 보리나 쌀보리, 호밀 등도 같은 효과가 있는 것으로 보고 있다. 일본에서는 새기 염소의 생육 기타의 사정으로 번식에 이용하는 수가 많으므로 싹이 난 밀을 이용하는 방법이 많이 보급되고 있어 좋은 성과를 올리고 있다 한다.

이밖에도 번식기를 조절하는 방법으로 미국에서 시험한 예는 건강하고 활력이 있는 2살짜리 수컷을 2~3마리 암컷과 함께 봄부터 여름에 걸쳐 동거시켰던 결과 효과를 보았다고 한다.

2. 발정과 발정주기

염소의 암컷은 9월부터 이듬해 2월 경가지 보통 3주일마다 발정이 되풀이 된다. 가장 발정이 강한 때는 늦가을로서 10월에서 12월까지이다. 발정의 지속기간은 가을부터 초겨울의 발정에서는 2~3일간 정도, 2~3월경의 발정은 단 하루 정도라서 발견하기 어려워진다.

또한 영양·발육이 좋은 염소는 일반적으로 출생후의 첫 발정이 빠르고 지방과다, 영양의 극단적인 불량, 노쇠한 것 등은 발정하지 않거나 발정의 징후가 미약하여 교배 시켜도 수태하지 못하는 등 개체간의 차이가 있다.

발정하면 거동이 불안하게 되어 수컷이 그리워 특수한 소리로 자주 울고 꼬리를 왕성히 좌우로 흔들고 음부가 벌겋게 부풀어 오름과 동시에 점액을 흘린다.

또 식욕이 떨어지고 다른 암컷에게 올라 타거나 수컷에 접근하려고 하며 목책에 앞다리를 걸치거나 목책을 뒤어 넘거나 하는 수도 있다.

번식기에 접어든 염소는 뇌하수체 전엽에서 분비되는 생식선 자극호르몬 작용에 의해 여포가 성숙해지면 배란하게 된다.

여포(濾胞)는 발육과 더불어 발정호르몬을 분비한다.

여포의 지름이 1cm 정도로 발육하여 성숙할 때가 되면 발정호르몬 작용으로 인해 발정의 징후가 나타나기 시작한다.

발정은 앞에서도 언급했듯이 영양 사상태와 밀접한 관계가 있으므로 영양 상태가 좋지 않는 것은 발정이 늦지만 대체는 영양장해만 없으면 봄에 난 새끼 염소는 6~7개월만인 그해 가을에 발정을 시작한다.

염소가 발정하면 앞에서도 언급했듯이 다른 가축과는 달리 표면상으로 그 징후가 뚜렷이 나타나는데 그 몇 가지 징후를 다시 열거해 보면 다음과 같다.

ⓐ 큰 소리로 자주 운다.

ⓑ 꼬리를 흔들때 꼬리가 무엇에 닿으면 발정한 것은 꼬리를 옆으로 몰아 세우고 그렇지 않은 것은 꼬리를 아래로 드리운다.

ⓒ 외음부가 부어서 커지고 붉게 되며 외음부에서는 점액이 분비되며 자주 오줌을 눈다.

ⓓ 식욕과 비유량이 줄고 불안을 느낀다.

ⓔ 다른 염소를 제몸 위에 오르게 한다든지 혹은 다른 염소의 몸 위로 올

라 타든지 하며 엉덩이를 손으로 누르면 온순해진다.

이러한 징조가 나타나면 발정한 것으로 보지만 계절과 기후 또는 품종에 따라 일정하지가 않고 또 개중에는 울지 않는 것도 있다.

그러나 대체로 발정여부는 울음소리로 판별할 수가 있다.

발정주기나 발정반복은 영국에서 18일이라고 발표한 것도 있지만 보통은 21일이다. 발정 지속 시간은 30~40시간이면 평균은 35시간이고 이 시간의 말기에 배란하게 된다.

3. 교 배 (交配)

교배 시기에는 이를 놓치지 않도록 징후를 상세히 관찰할 것과 불측의 사고를 방지하기 위해 관리에 충분한 주의가 필요하다.

교배의 최적(最適)인 시기는 전술한 것과 같이 발정이 강한 9~12월 말까지이다. 이 시기에 교배시켜 이듬해 2~5월에 분만시켜 새끼 염소에게 봄의 생초를 충분히 먹이도록 하면 육성상 편리하다.

따라서 분만기를 생각하고 희망하는 시기를 일수 계산해서 교배를 시킨다.

또한 교배는 발정 지속기간의 후기에 하는 것이 수태하기가 쉽다. 이것은 암컷의 배란의 대부분은 발정 말기에 이루어지기 때문이다.

교배 장소는 조용한 곳을 택하여 암컷과 수컷을 동거시키면 처음에는 장난하다가 곧 교배하며 매우 단시간에 끝난다.

교배가 끝나면 암컷은 허리를 둥글게 꾸부리며 온순해지고 수컷은 자주 목을 뻗거나 얼굴을 하늘로 쳐들거나 한다.

보통 1회에 수태하는 것이므로 2회 실시할 필요는 없다. 교배 후에는 암수를 격리해서 안정하게 쉬게 한다. 3주일 이상 지나서 재차 발정의 징후가 없을 경우에는 수태된 것으로 보아도 된다.

한편, 수컷은 언제나 교배가 가능하지만 9월 하순~12월까지가 가장 정력 왕성기로서 수태율이 좋다. 이 기간은 성질이 거칠어지고 앞다리의 털은 방뇨(放尿)때문에 적갈색을 물들여 숫염소 특유의 강렬한 냄새가 난다.

수컷에 교배하는 암컷은 하루 1마리가 적당하지만 부득이할 경우라면 2마리까지 한다. 이럴 경우는 오전 오후로 나누어 시키도록 한다. 1교배기 (가을부터 초겨울)에 교배하는 암컷은 50마리 내외로, 1년간 80마리 내외로 시켜야 한다.

한편, 요즘에는 인공수정이 보급되고 있다.

그런데 우리 나라에서는 기후 등 여러 가지 조건으로 10~11월에 교배시켜 이듬해 3~4월에 새끼를 낳게 하는 것이 가장 이상적이다.

교배시간은 발정이 시작된지 20시간에 한 변, 즉 1발 정기에 두번 교배 또는 인공수정을 하는 것이 좋다.

(1) 교배 관리

① 자연 교배

축사나 공터에 암놈을 데리고 나와 교미시키는 것이 일반적이다. 이러한 교배는 암컷의 발정 정도가 수컷의 활동 등과 밀접한 관계가 있다.

수컷은 암컷을 대하면 음부의 냄새를 맡는 등 여러 가지 동작으로 좋다는 표정을 한다. 이때 암컷은 수컷을 피하는 수도 있지만 교배적기일 때는 반항없이 응한다.

사정(射精)은 단 일격에 끝난다. 사정할 때의 모습은 수컷은 허리를 앞쪽으로 힘있게 밀며 등을 세운다. 암컷은 등을 꾸부리고 수축시켰다가 사정을 한다.

활력이 건강한 것은 또다시 오르려고 하며 간혹 재교배를 원하는 예도 있으나 보통 1회 교배후 12시간이 지나지 않으면 수컷만 피로할 뿐더러 별 의미가 없다.

ⓐ 정자의 수명 …… 생식기 내에서 12~20 시간.

ⓑ 정자가 질에서 수란관가지 도착하는 시간 …… 5~6 시간.

ⓒ 발정 후의 배란시간 …… 26~32 시간.

ⓓ 수정의 적기 …… 발정하기 시작한 뒤 20~25 시간.

② 수컷의 관리

암컷은 10~11월 경이 되면 발정한다. 한편, 수컷은 9월 경부터 식욕이 줄어드는 시기이므로 영양을 충분히 공급하여 충실하게 키워야 한다.

아무리 활력이 강한 수컷이라도 1일 3회 이상은 교배 시킬 수가 없다. 유전적으로 우수한 수컷을 씨염소로 해서 짧은 시간내에 많은 암컷에게 교배 시킬 필요가 있을 때는 인공수정에 의해 처리하는 것이 제일 좋다.

염소의 1회당 정액의 채취량은 평균 1cc, 희석 배율은 3, 정액주입량은 0.3 cc(精子 약 1억마리), 수정이 가능한 암 염소의 마릿수는 25마리 정도가 알맞다. 수정능력의 지속시간은 100~160시간이며 실용적인 보존시간은 12~14시간이다.

③ 인공수정(人工受精)

인공수정은 이제는 축산업계의 상식으로 되어 있고 널리 행하여지는 기술이다. 따라서 그 장단점이나 개설은 여기서는 생략한다.

염소에 있어서 인공수정은 수컷의 정액을 암컷의 자궁질부에 주입한다는 그 원리는 마찬가지이다. 따라서 돼지나 소의 그것과 별 차이가 없는 것이다.

ⓐ 정액 채취와 검사

정액 채취법에는 2가지가 있다.

전기자극법 정액검사를 위하여 이용한다. 또 전기로 자극을 주어 기계적으로 간단히 채취한다.

인공질법 일반적으로 이용하는 방법이다. 인공질은 제품으로 만들어 파는 것도 있으나 농가에서도 만들 수 있을 정도로 간단하다.

인공질에다 45℃ 정도로 열을 가하여 암컷이나 또는 염소의 모피를 뒤집어 씌운 의빈대에 올려 놓고 수컷을 오르게 하고 음경을 주입시켜 사정하도록 하는 방법이다.

의빈대를 싫어하는 것도 있으므로 요령껏 해야 한다. 이때 주의할 점은 수컷은 영양을 충분히 섭취시키는 것이며 채취된 정액에 급격한 온도변화가 없게 해야 한다는 점이다.

검사 방법으로는 현미경을 이용하는 방법과 육안으로 하는 방법이 있다. 육안으로 보아 채취량은 평균 1.5~2cc이다. 색은 유백색의 불투명한 상태로서 약간 끈기가 있는 묽은 것이 정상이다. 불량한 것은 잡물이 섞이거나 색이 다르거나 투명도가 좋지 않고 너무 묽거나 끈기가 전혀 없는 것 등이다.

현미경 검사는 정충의 수, 정충의 활력 상태 및 형태를 검사하여 기형률이 얼마인가도 추정한다.

ⓑ 정액의 저장

채취된 정액은 5~6℃로 저장하는 저온저장법이 발달하여 점차 장기간의 활력유지가 가능하게 되었다.

운반시에는 병을 사용하여 소화물로 운반하지만 젤라틴(gelatin)화하면 소포나 속달로도 우송할 수가 있다.

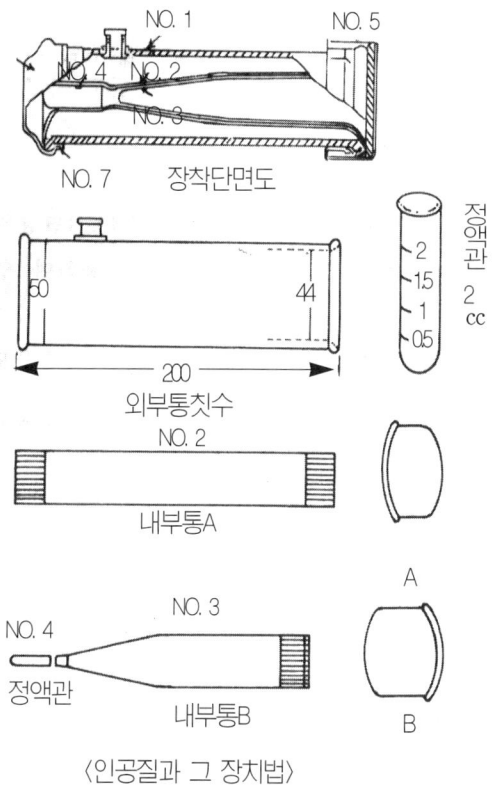

〈인공질과 그 장치법〉

ⓒ 주입법(注入法)

원액이나 보존액에 살균된 염소젖을 5배액으로 희석해서 주입하면 성적이 좋다.

주입 부위는 자궁경부이며 주입기를 써서 주입한다. 주입량은 0.2cc를 적량으로 보며 개체에 따라 자궁경의 위치와 크기 등 상당한 차이가 있으므로 많은 경험을 쌓아야 한다.

4. 근친(近親:純粹)교배와 잡종교배

농가용 염소의 경우는 다소 너무 전문적이고도 유전학적이긴 하지만 염소에 한하지 않고 가축의 품종개량을 위해 취하고 있는 방법을 참고로 소개하기로 한다.

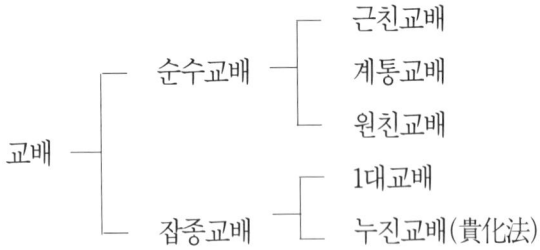

이 중, 근친교배는 친자간·형제자매간과 같이 혈연이 매우 가까운 사이에서의 암수를 교배하는 경우로서 품종 개량상으로는 그 장점을 확실하게 자손에게 유전하고 계통과 순수도를 더욱 더 높이지만 반면, 점차 체격이 작아져 체질이 약해지고 비유능력이 감퇴하여 생식력이 감소하는 등의 피해가 나기 때문에 특별한 목적 외에는 절대로 피하지 않으면 안 된다.

한편, 1대교배는 발육이 좋고 체질강건·비유량이 많고 비유기도 길어 실용적이다. 그러나 그 장점을 확실하게 기대할 수 있는 것은 1대에 한하는 것이므로 이 방면의 경험자 등과 상의하는 것도 한 방법이다.

우리 나라의 염소 특히 흑염소는 거의 한 품종만으로 번식되어 수입되고 있는 것도 적어 따라서 근친번식의 결과 체구가 작다.특히 독일이나 프랑스의 염소는 잡종이 많아 털색도 백색, 흑색, 다갈색 그 혼색 등 여러 가지이지만 체격은 훨씬 강건하고 조식(粗食)에 견디며 비유량도 많다.

5. 임 신

염소의 임신기간은 5개월(150일)로서 대체로 143~157일 정도에서 분만하는 것이다. 임신의 징후는 그 초기에는 외관상의 감정이 곤란하지만 날이 감에 따라 다음과 같은 징후가 보이게 된다.

(1) 임신의 징후

ⓐ 발정이 교배후 3주일을 지나도 다시 나타나지 않는다. 흔한 경우는 아니지만 임신 후에도 발정을 보여 교미를 허락하는 것도 있다.

ⓑ 성질이 바뀌어서 온순하게 된다. 날이 감에 따라서 동작도 신중하여지고 그늘에서 드러눕는 것을 즐기게 된다.

ⓒ 영양 상태가 변한다. 식욕이 날이 감에 따라서 증진하고 살붙임이 좋아진다. 털도 광택이 더 나고 우미한 외관이 된다. 그러나 이것이 임신 중반경부터 태아의 발육이 왕성하여 지기 때문에 어미 염소의 영양은 점차 떨어지게 된다.

ⓓ 배가 커진다. 태아가 모체내에서 발육됨에 따라 배둘레가 커진다. 보통 오른쪽 배가 왼족 배보다 불거져 나온다. 특히 공복시에 보면 판정할 수가 있다.

ⓔ 유방이 커지며 젖이 나온다. 초산·경산(經産)의 차이, 개체에 따라서 달라지지만 분만이 다가옴에 따라서 유방이 점차 팽대해서 긴장하게 된다. 분만 며칠전 젖꼭지를 짜면 황백색의 농후한 초유(初乳)가 나온다.

ⓕ 외음부와 그 부근이 충혈한다. 임신 말기가 되면 외음부와 그 부근이 충혈·홍조(紅潮)하여 부어 오른다. 또 골반 주위의 조직도 충혈해져서 유연해 짐으로써 산도(産道)의 확장에 편리하게 된다.

ⓖ 임신 3개월 경이 되면 어미 염소의 배에 손바닥을 대면 분명히 태동

(胎動)을 느끼게 된다. 도한 4개월 이후 하복부를 손바닥으로 밀어 올리도록 하면 뱃속에 고깃덩이와 같은 것이 느껴진다. 이것이 태아(胎兒)이다.

ⓗ 임신기간(在胎)의 실례를 참고로 소개하면 다음과 같다.

- 수컷의 태아는 암컷의 태아보다도 길다.
- 영양이 좋은 것은 짧고 영양불량이나 병이 든 것은 길쭉하다.
- 쌍둥이일 때는 한마리인 경우보다 짧은 예가 많다.
- 초산일 경우는 경산(經産)인 것보다 기간이 짧다. 연령, 산차(産次)의 증가에 따라서 즐어나는 경향이 있다.
- 조숙한 것은 만숙(晩熟)한 것보다 짧다.

한편, 임신 여부를 과학적으로 확인하는 방법으로는 자궁경관점액(子宮經管粘液)을 슬라이드 글라스에 묻힌 다음 10% 질산을 용액으로 고정시키고 약품으로 염색하여 현미경검사로 판정할 수가 있다. 그 적중률은 30일 이내의 것은 82%, 40일의 것은 90%이다.

수태율은 암컷과 수컷의 연령과 영양상태, 교배 또는 교배시기, 인공수정 시에는 주입량과 정액의 희석처리, 저장 등과 밀접한 관계가 있다.

미국의 실험 예를 보면 155마리의 암컷에 평균 115회 교배시켜 144마리(95%)가 수태했다고 한다.

이러한 실례를 보아도 염소류는 다른 가축에 비해 높은 수태율을 가지고 있음을 알 수가 있다.

암컷이나 수컷에 따라서 수태를 못할 경우 그 원인이 수컷에 있을 때 이것은 유전이나 기타의 원인에 의하여 영구불임증이나 일시적인 정자의 활력저하의 요인이 되겠으나 암컷의 경우는 영양불량으로 말미암아 미발정 혹은 무배란일 경우가 많다.

염소의 월령별 및 경산 횟수별 평균 임신은 월령과 경산 횟수가 증가됨에 따라서 길어지는 경향이 있음을 알 수 있다. 임신을 하게 되면 발정이 정지된다. 이는 항체 호르몬작용에 의한 것이다. 임신이 되었나 안되었나 하는 것은 앞에서도 언급했듯이 발정의 유무로써 일단은 판단할 수 있다.

유방과 복부에 나타나는 임신 증세는 시일이 지난 뒤, 즉 임신 후반기에 가서야 확실히 알 수가 있다. 최근에는 자궁경관 점액을 채취하여 점액의 모양이 성 주기에 따라 변하는 것으로써 임신여부의 감정을 하기도 한다.

임신기간은 대체로 143일에서 157일 사이로 앞에서 기술하였으나 조사한 바에 의하면 138마리의 평균출산일은 152, 19일이었다. 또 교배시의 월령 12개월령 이하의 것은 150, 25일, 61~72개월령은 154, 5일인 것으로 보아 초산의 경우가 출산일이 빠르다는 것을 알 수 있다. 여기서 교배일과 출산일을 1일로 계산한다.

한편, 미국의 조사예를 들어 보면 출산일이 짧은 것은 136일이고 긴 것은 157일이었다. 또 144마리의 평균 임신기간은 149, 24일이었고 그중 90%는 147~154일 사이인 8일간에 출산했던 것이다.

분만 예정일을 계산하는 방법은 다음과 같다.

(2)분만예정일 계산법

ⓐ 10월에서 2월까지 …… 교배한 다음날부터 계산하여 5개월 되는 달의 교배일자에서 2일을 뺀 날이 분만예정일이다.

ⓑ 3월에서 9월까지 …… 2월의 28일이 관계되므로 4일을 뺀 날이 예정일이다.

한편, 임신 3개월이 지난 염소는 특별한 관리가 필요한데 그 중요한 사항을 들어 보면 다음과 같다.

〈분만 예정일 일람표〉 (154일 계산)

교배월일			
1 월	**2 월**	**3 월**	
1　8　15　22　29	5　12　19　26	5　12　19　26	
일			
4 월	**5 월**	**6 월**	**11 월** 　**12 월**
2　9　16　23　30	7　14　21　28	4	19　26　　　3　10

분만예정일			
6 월	**7 월**	**7 월**	**8 월**
3　10　17　24	1	8　15　22　29	5　12　19　26
일			
9 월	**10 월**	**11 월**	**4 월** 　**5 월**
2　9　16　23　30	7　14　21　28	1	21　28　　5　12
일			

교배월일			
6 월	**7 월**	**8 월**	
11　18　25	2　9　16　23　30	6　13　20　27	
일			
9 월	**10 월**	**11 월**	**12 월**
3　10　17　24	1　8　15　22　29	5　12	17　24　31
일			

분만예정일			
11 월	**12 월**	**1 월**	
11　18　25	2　9　16　23　30	6　13　20　27	
일			
2 월	**3 월**	**4 월**	**6 월** 　**7 월**
3　10　17　24	3　10　17　24　31	7　14	19　26　　2
일			

(3) 임신 염소의 관리법

ⓐ 운동장 안에서만 방목하며 일광욕을 충분히 시킨다.

ⓑ 혈액순환이 순조롭도록 매일 솔로 몸을 가볍게 쓰다듬어 준다.

ⓒ 사료는 사양표준에 의하되 농후사료를 많이 주도록 한다. 목초는 건초와 풋베기작물을 주로 준다.

ⓓ 사료에는 반드시 2~3%의 소금과 칼슘이 배합되도록 한다.

ⓔ 임신 90~130일까지는 농후사료의 양을 많이 주다가 점차 줄이고 140일 이후에는 농후사료를 전폐한다. 이 때의 보릿겨는 변비의 원인이 되며 쌀겨와 사일레이지는 설사의 원인이 되므로 밀기울을 주도록 한다.

ⓕ 임신한지 145일 이후에는 자리짚을 깐 산실로 옮겨 안정하도록 해 준다. 분만일이 가까와지면 한 때 식욕이 왕성해지므로 이때에는 좋은 건초와 풋베기 목초를 충분히 주도록 한다.

6. 분만(分晩:出産)

교배하고서부터 150일 전후에는 분만되는 것이므로 염소사의 보기 쉬운 장소에 교배월일과 그 이튿날부터 가산하여 150일째의 월일 분만예정일로 기록해 두면 여러 가지로 편리하다(앞의 분만예정일일람표 참조).

분만의 판단은 다음과 같은 징조를 보면 알 수 있다.

(1) 분만의 징조

ⓐ 현저히 부풀어진 배가 아래로 쳐진다.

ⓑ 허리나 골반의 근육이 느슨해지고 꼬리 기부의 양쪽살이 현저히 들어간다.

ⓒ 유방은 부풀어서 광택이 생긴다.

ⓓ 음부는 늘어져서 붓고 점액이 흐른다.

ⓔ 분(糞)은 평소 한 알씩 떨어지던 것이 염주알처럼 붙어 나온다.

ⓕ 거동은 항상 불안을 느끼고 잇는 것처럼 보인다.

분만이 다가오면 잘 마른 짚이나 건초를 15~20㎝ 길이로 잘라 가급적 많이 깔아 주어 깨끗하게 한다. 특히 추울 때는 틈바람이 들지 않도록 따뜻하게 하고 분만 전후에는 신경질이 되어 흥분하기 쉬우므로 사육자 이외의 사람은 함부로 접근하지 못하게 유의하는 것이 중요하다.

분만이 다가오면 축사 안을 돌아다니다가 누웠다 일어섰다 하며 불안한 상태로 된다. 이어서 소량의 오줌이나 분을 빈번히 배설한다. 또 앞 다리로 깔짚을 몸 아래로 긁어 모으는 동작을 한다.

(2) 진통(陣痛)과 분만

진한 흰풀 모양의 액체를 배설하다가 이어서 불투명한 난백(卵白)과 흡사한 점액이 나온다. 이와 같은 상태라 분만이 가까와졌다고 보아도 된다.

ⓐ 분만 직적에 우선 진통이 시작된다. 최초의 진통은 예비진통이고 자궁경관이 벌어질 때 일어나는 것이라서 「개구진통(開口陣痛)」이라고도 일컬어진다. 그러나 비교적 가벼운 것이다.

ⓑ 다음에는 강렬한 「출산진통」이 일어나며 3~4분 마다 되풀이 된다. 동시에 용을 쓰게 된다.

ⓒ 이윽고 태포(胎胞)가 나온다. 새끼 염소는 이 태포속에 떠 있으므로 소중히 다루지 않으면 안 된다.

ⓓ 강렬한 진통의 연속 후에 태아는 자궁경관으로 밀려 나온다.

ⓔ 태포가 터져 태아를 뜨게 했던 양수(羊水)가 배출된다.

ⓕ 태아의 앞다리의 발굽끝이 노출된다. 이때 진통이 멎으면 재차 들어

가서 보이지 않게 되는 수가 있다.

⑧ 다음의 진통에 의해 앞다리의 발굽이, 다음에는 코, 얼굴, 앞몸, 뒷몸이 출산된다. 정상적인 분만에서는 태아는 아래를 향하고 머리를 앞다리 위에 얹고 나오게 된다. 또한 일어선 채로 분만하는 것과 누워서 분만하는 것이 있다.

보통 예비진통 후 30~40분이면 첫째 새끼를 낳고 그후 10~20분이면 둘째 새끼를 분만한다. 그러나 초산일 경우는 새끼 1마리인 경우가 많고 2산 이후의 분만 때부터 2마리를 분만하는 것이 보통이다.

〈분만〉

다음에 분만의 경과를 알기쉽게 설명하겠다.

(3) 분만의 경과

앞에서 언급된 바와 같이 임신 후 140일이 되면 채식만 즐기며 변을 보는 외에는 보통은 누워 있다.

배분뇨는 끈끈한 액체이므로 짚을 깔아 주고 새끼를 닦아줄 깨끗한 걸레를 준비한다.

이른봄까지의 추운 계절에는 밤이나 이른 아침에 분만하는 예가 많으므로 분만장소의 보온에 각별히 주의하도록 한다.

추위로 인해 귀나 다리에 동상을 입거나 동사하는 피해를 입는 수가 있다. 출산은 가벼운 진통으로 시작되나 이때가 태막이 자궁 점막에서 떨어져서 자궁경관으로 내리기 시작하는 시기이고 다음으로 연속적인 진통을 일으킨다. 자궁경관에서 어린이 머리 정도의 수포가 외음부에 보이는데 이것이 태막이다. 이 태막이 파열되면 분만이 되는 것이다.

분만시 앞다리 위에 머리 부분을 얹은 채 분만되는 것이 정상적이다. 가장 심한 진통을 느낄 때가 머리 부분이 경관과 음문을 통과할 때이다. 초산일 경우는 더 많은 진통을 느끼게 된다.

분만시간은 처음 진통이 시작되어 분만할 때가지 빠른것은 20~30분이면 낳지만 느린 것은 2시간 정도 걸리는 것도 있다.

정상적으로 분만할 때는 옆에서 출산하는 것을 구경만하면 되지만 그렇지 못할 때는 조산(助産)해야 한다.

태반은 보통 3~5cm 정도에서 끊어져 나오지만 그렇지 않고 끊어지지 않을 때는 인위적으로 끊어 주어야 한다.

내부에서 혈액순환 중인 것을 절단하면 출혈이 있어도 곧 멎으니 걱정할 필요는 없다. 실로 묶거나 할 필요도 없고 옥도정기나 기타 소독액으로 소독만 하면 된다.

(4) 난산(難産)의 조처

염소는 대개 순산하므로 난산은 드물다. 산기가 재촉되어 진통의 괴로움으로 울음소리로 외쳐도 가급적 손을 쓰지 말고 자연의 출산을 기다리는 것이 좋다. 그러나 음순(吟脣) 사이에서 발굽 끝이나 콧끝이 노출하면서도 용이하게 분만되지 않을 때, 태아가 산도(産度)를 정상 위치로 지나지 않을 경우, 태아가 과대발육하였을 경우, 산도가 너무 좁을 경우, 두 태아가 동시에 산도를 이동할 경우 등 여러 가지가 있는데 이런 경우에는 때를 놓치지 말고 조산(助産)할 필요가 있다.

이와 같은 난산의 원인으로는 태아쪽이 원인이거나 진통의 정도, 사양관리의 결함 혹은 위치전환을 잘못했다든가, 산도의 협소 또는 태수가 일찍 파열되는 등으로 해서 난산이 되는 수가 많은데 이럴 때는 술을 2㎗ 정도 먹여 원기를 돋군 후 조산하면 좋다.

태아는 보통 포의(胞衣)를 터뜨리고 탯줄을 달고 태어 나는 것이지만 때로는 포의를 뒤집어 쓴 채로 태어나는 수가 있다. 탯줄은 그대로 두면 자연히 적당한 부분에서 끊어지는 것이지만 10㎝ 정도 남기고 잘라도 된다.

난산일 때는 손톱을 깎고 비눗물로 손을 잘 씻고 소독한 후 참기름 같은 것을 손에 발라 매끄럽게 하고 손을 오므려 산도 위쪽으로 집어 넣고 원인을 조사하거나 태아의 자세를 정상위치로 고치면 그 자극으로 진통을 일으키므로 그때 끄집어 낸다.

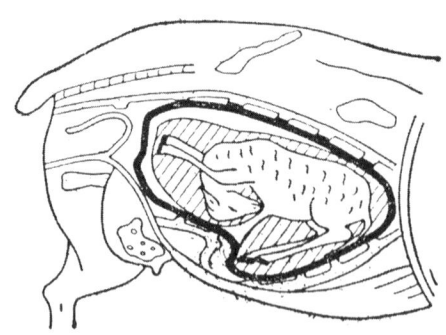

〈난산의 모양〉

이러한 조산은 사육자 자신이 감당하지 못할 때는 전문인에게 의뢰해야 한다. 그러나 그럴 여유가 없을 때는 미리 경험 있는 분을 초청하여 부탁하는 것이 안전하다.

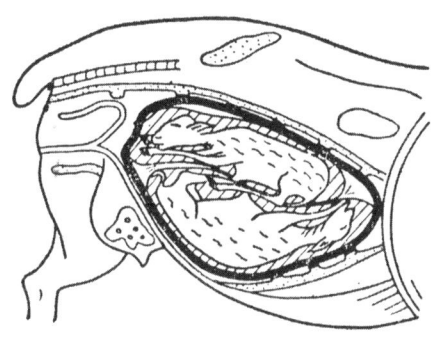

〈쌍태의 모습〉

만일 이러한 난산을 사육자가 빨리 발견하지 못하면 태아를 죽이고 어미 염소까지 손상을 보는 수가 있다.

후산, 즉 태를 낳는 시간은 3~5시간으로 밤중에 배출 하면 어미 염소가 먹어 버린다.

이것을 먹으면 각종 호르몬을 함유하여 산후 경과가 좋고 젖샘의 발달을 증진시킨다고 하나 이러한 말은 비과학적이므로 될 수 있는 대로 먹이지 말고 버리는 것이 좋다.

태반의 전부 또는 일부가 배출되지 않으면 속에서 부패되어 식욕이 감퇴되거나 폐혈증의 원인이 되는 수가 있다. 이러한 원인은 칼슘이 부족하여 생기는 것으로 치료 방법은 전문적인 일이지만 근래에는 오이베 진, 발정호르몬 등을 근육에 주사하면 좋은 효과를 얻는다. 보통 1만단위 0.5cc를 주사한다.

(5) 출산 후의 조처

난산이 아닌 순산이라도 어미 염소는 몹시 피로해 있다. 그러나 출산이 끝난 어미 염소는 모성애의 본능에서 태어난 새끼 염소의 몸에 묻어 있는 점액을 핥아서 깨끗하게 한다.

그러나 개중에는 이와 같은 일을 하지 않는 어미 염소도 있으므로 인위적으로 천이나 부드럽게 한 짚 등으로 닦아 내어 빨리 새끼 염소의 몸을 마르게 하는 것이 중요하다.

출산의 과정이 후산까지 완전히 끝나면 더러워진 깔짚을 다시 갈아 주고 더러워진 몸의 부분을 더운 물로 씻어 주고 더운 물에 된장을 조금 풀어 넣고 어미 염소에게 먹인다.

사료는 점차로 증가시켜 주며 출산 후 2~3주일 동안의 비유량을 측정하여 사료의 급여량을 정하도록 한다.

출산 후 농후사료를 너무 많이 주면 유열이나 유방염의 원인이 되므로 주의해야 한다.

출산 후 건강한 새끼 염소는 태어난지 20~30분만에 스스로 일어서서 어미젖을 먹게 된다. 이때 스스로 젖을 먹지 않을 경우는 왼손으로 새끼 염소를 잡고 오른손으로 어미 염소의 젖꼭지를 물게 한 후 조용히 짜먹이면 다음 번 부터는 스스로 어미젖을 먹게 된다. 또한 출산된 새끼 염소의 코에 묻은 것은 준비한 걸레로 끈끈한 태수를 닦아 주어야 호흡에 지장없이 일어나 활동하며 젖을 찾는다.

여러 마리를 낳을 경우 새끼가 3~4마리나 될 때 수컷보다 암컷이 다소 수가 많으므로 젖배를 골면 죽는 수가 있으므로 각별히 주의하여 젖을 먹을 때 도와 주어야 하며 보온조치도 한다.

분만 후 30분~1시간 이후에 후진통이 일어나고 후산의 배출이 있다. 그런데 후산이 배출되지 않거나 일부분이라도 남아 있으면 산욕열(産褥熱)이라는 병을 일으키는 수가 있다. 그런데 무리하게 힘으로 끄집어 내려고 하면 「자궁탈(子宮脫)을 일으켜 어미 염소를 죽게 하는 수가 있으므로 염소사육의 경험이 없는 사람은 수의사의 적절한 지시를 받거나 조처를 의뢰하여 받는 것이 안전하다.

유방은 분만 후 현저히 팽대해서 부풀어 있으므로 안정되는 것을 기다려서 새끼 염소가 먹은 초유(初乳)의 먹다 남은 것은 짜버리고 1주일 이상 지나서 초유기를 경과한 다음부터 먹게 한다.

한편, 분만을 순조롭게 하고 관리에 편리하게 하기 위하여 사육사의 한쪽에 분만책을 설치하는 것이 좋다. 한 사육사 내에서 여러 마리를 기를 때는 반드시 이런 분만책이 필요하게 된다.

분만책은 가운데를 접을 수 있게 만들어 사육사의 구석에 설치하고 4각의 구획을 지어 다른 염소와 격리시키는 역할을 하게 하는 것이다.

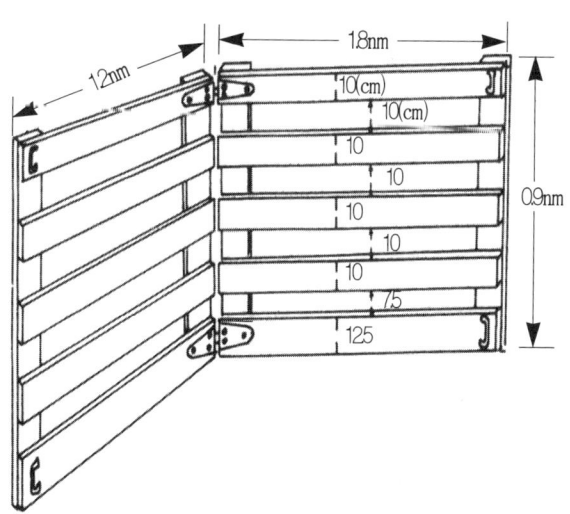

분만 전에 하루쯤 앞서서 이 분만책 안에 넣었다가 출산 후 1~2일만에 거두어 낸다. 이렇게 하면 모든 관리가 편리한다.

〈염소와 출산율〉

산 자 수	1마리	2마리	3마리
비 율	37.5%	58.0	4.5

한편, 경산 횟수에 따라서도 쌍둥이의 출산율이 많아지는데 그 성공 비율은 50:55이며 경산횟수와 한 배의 평균 출산율을 보면 다음 표와 같다.

〈경산 횟수와 한 배의 평균 출산율〉

경산횟수	초 산	2 산	3 산	4 산	5 산	6 산
산자평균	1.5마리	1.75	1.73	1.82	1.66	1.66

(6) 새끼 염소의 암수의 비율

비율을 조사하는 방법은 젖염소 100마리를 교배하여 수태 임신된 것을 증식비율이라고 하며 출산 후 일정기간을 생존하고 있는 새끼 염소의 수를 번식률이라고 해서 구분한다.

출산시 다산(多産)을 하면 좋다고 하나 4마리 이상을 출생할 때는 사산한다든가 약한 놈이 생기게 되므로 출산수가 2~3마리 정도가 가장 알맞다.

암수의 비율은 학술상으로는 같다고 하나 실제로는 암컷이 적다. 이와 같은 원인은 암컷이 생겨도 간성(間性)으로 되기 때문인 것으로 풀이 되고 있다.

제8장 젖짜기(搾乳)

I. 비유(泌乳)의 생리

젖염소는 젖을 생산하며 장기간 이용할 수 있게 연구개량된 것으로 유전 형질과 사양관리, 영양상태 등에 따라서 비유량과 유질, 비유능력 등에 영향을 준다.

비유 현상은 임신과 분만에 따르는 생리적 현상에 기인하며 우량종과 불량종의 구별은 유방의 발육 상태, 비유 능력과 분비, 비유기간 등에 달려 있다고 볼 수 있다.

(1) 유방(乳房)의 구조

젖염소의 유방은 2개가 서로 독립되어 있고 2개의 젖꼭지를 가지고 있는데 많지는 않으나 어떤 것은 부유두(副乳頭)라고 하는 또 하나의 젖꼭지가 있는 것도 있다.

부유두는 2가지 형질의 것이 있다. 하나는 젖꼭지 옆에 조그마한 혹이 있을 뿐이고 다른 하나는 크기가 거의 젖꼭지와 비슷하며 이러한 부유두에서도 젖이 분비된다.

이 부유두는 유두 즉 젖꼭지와 젖샘에 연결되어 젖꼭지와 같은 기능을 하는 것이다.

젖샘은 샘세포의 집단이며 내부의 빈곳에 저장되었다가 세유관을 통해서 점차 젖통으로 하강한다.

젖샘세포의 집단을 결체조직으로 둘러싸여 있다. 유방의 발달에 대해 발달학 적으로 본다면 임신 25일 째에 젖샘원 줄이 인정되며 임신 3개월이면 젖샘, 젖통, 젖꼭지가 구별되며 주요한 간선적인 유관도 발달하게 된다.

그러나 본격적인 발달은 성호르몬의 자극이 필요하며 성 성숙기의 발정과 임신, 특히 그 후반의 말기에 완성하여 초유 분비를 시작한다.

이 유방의 발달과 비유에는 난소 호르몬, 황체 호르몬이 직접 관계되는 것이 아니고 뇌하수체의 전엽에 작용하여 2차적으로 유관과 젖샘의 발달을 촉진하는 호르몬이 관계하고 있다는 것이다.

또한 비유의 시작 및 계속에는 프로라그친이란 호르몬이 분비된다.

한편, 염소에는 이런 정상적인 코스를 거치지 않고 비유를 시작하는 소위 처녀비유 염소가 많다.

즉 출생시에 벌써 한쪽 유방이 커지고 2~3개월 만에 붉게 부풀어 오른다. 젖을 짜게 되면 다시 더 커져서 정상적으로 젖을 분비하게 된다.

이 처녀비유는 대체로 비유능력이 우수한 계통의 염소에 많다. 특히 종축양성을 위해서는 근래에는 2년생을 번식에 많이 이용한다.

이 염소는 모두가 유방 발달이 좋아서 착유할 수 있는 개체로 되어 있으나 다만 이 유방은 좌우 양쪽의 크기 발달에 차이가 있는 것이 많은데 착유방법이 나쁘면 더욱 현저히 나빠진다.

최근 화제가 된 합성발정호르몬을 처녀염소에 주사하여 비유를 촉진하고 있는데 2년된 염소에게 오이 베스유용액 0.25cc를 20일 동안 매일 피하주사하면 주사 시작한 후 곧 착유자극을 줌으로써 1일 1회의 착유가 가능하다.

1일 최고유량, 총유량, 비유기간 등은 모두가 처녀비유염소가 적다. 그러나 이와 같은 연구가 계속되면 앞으로 정상비유와 동일한 유량이 주사에 의해 가능해 질 것이며 또한 간성에 대해서도 반응이 있다고 한다.

(2) 비 유(泌乳)

젖샘은 발달하여 혈액 중의 필요성분으로서 침투작용으로 젖성분을 이루는 한편, 비유호르몬은 비유의 주역할을 하지만 발정호르몬, 황체호르몬 등과도 여러 관계가 있지만 결정적인 것은 못된다.

이 비유호르몬의 분비는 다른 호르몬에 의한 포유나 착유의 정기적인 자극에 의해 계속된다.

또한 젖샘세포의 활동, 젖의 생성은 유방 내부의 압력에 의해 지배된다고 한다.

젖의 젖샘의 세포, 유관, 유조 등 여러 곳에 충만 하면 내압이 높아져서 그 부분의 혈액순환 즉 혈압을 낮추기 때문에 생성량을 낮추게 하는 셈이다.

이 사실은 정기적인 일정 횟수의 착유를 필요로 하는 이유가 될 것이다. 극단적인 내압설에서는 착유와 착유간의 생성량은 1회 착유량의 반이고 나머지는 수분 동안의 착유 중에 생성된다고 하였다. 그러나 타아나씨 연구로는 부정되고 있다.

2. 비유 능력

비유 능력은 유전인자에 주로 영향을 받지만 이밖에도 환경, 사양관리 등에 영향을 받아서 유량, 비유기간, 유질 등이 좌우된다.

비유량은 출산 후 2개월에 최고유량을 기록하며 점차 줄어서 다음 출산 때까지 계속되는 것이 보통이다. 그러나 근대의 개량종은 분만 후 1~2개월에 젖을 떼는 것이 일반적이다.

(1) 비 유 량

비유량은 품종, 환경, 사양조건, 연령 등 여러 가지 조건에 따라 달라진다. 일반적으로 말할 수 있는 것은 다음과 같다.

ⓐ 정상적인 임신, 분만, 수유의 과정을 거친 편이 처녀 비유보다 비유량
　이 많다.

ⓑ 2~3세의 경우가 비유량이 가장 많다.

ⓒ 사료조건이 좋은 편이 비유량이 많다고 할 수 있다.

영국에서 비유량을 조사한 보고를 보면 연간 최고 비유량이 2,174kg, 최하가 418kg, 평균치가 1,086kg으로 되어 있다. 이것은 대체로 1년에 280일간 착유한 경우로 나타낸 것이다.

염소는 사양조건만 좋다면 대체로 연간 1,500~2,000kg의 착유가 가능하다.

하루 동안의 비유량은 대체로 3~5kg이 표준으로 되어 있다. 이 경우도 최하와 최고 사이에는 격차가 심하다. 이것은 사양조건의 차이에서 오는 것이며 같은 조건에서 같은 품종을 기르는 경우는 대개 비슷한 수치가 나타난다.

사육기간과의 관계를 보면 2~3년째가 최고이고 5년을 경과하면 감소한다.

1년중, 계절적으로는 풀이 많은 봄부터 초가을에 걸쳐 비유량이 많고 겨울에는 적어진다. 한 가지 특징은 젖소의 경우와 같은 건유기가 특별히 없어도 된다는 점이 특징이다.

(2) 비유량의 변화

젖염소는 젖소보다 비유기간이 다르다. 우수한 것은 1년 이상이나 되는 것도 있고 불량한 것은 약 3개월 정도이지만 보통 180~270일 정도이다.

또 비유량이 가장 많을 때가 출산 후 1개월에서 2개월이며 그후부터는 점차로 유량이 줄어든다.

〈연령과 유량〉

유량이 가장 많을 때는 3~4연령일 때이다. 즉 두번째 출산시와 세번째 출산시가 가장 많으며 5~6연령부터는 점차로 감소한다.

이밖에도 출산 전의 영양 상태, 시기에도 관계되어 유량의 차이가 있다.

봄에 일찍 출산한 것은 풀의 질이 가장 좋은 때이므로 성적이 좋지만 더위가 심하거나 파리나 모기가 안정을 방해하거나 추위가 극심할 때는 유량이 감소한다.

〈사료와 유량과의 관계〉

사료 중 단백질은 유량과 특히 관계가 밀접하다.

단백질이 많이 함유된 콩깻묵, 고구마 덩굴 등을 급여하면 유량증가가 현저하다.

또한 칼슘을 보충 급여하여도 비유 성적이 좋으며 다즙질인 순무, 고구마와 같은 것을 주면 성적이 좋다.

이밖에 임신 2개월 경에는 유량이 떨어진다. 요약해서 말한다면 비유 능력을 좋게 하려면 질이 좋은 사료를 여러 가지로 알맞게 주어야 하며 사양관리에 유의하여 안정감을 갖도록 하여 환경의 변화를 가능한 한 막아야 한다.

(3) 분만기별 비유율

영국의 염소는 가을의 교배기가 우리나라 보다 약간 빠르다. 453마리의 분만중 283마리(64%)는 2~3월에 낳은 것이고 28%는 4~5월에, 6%는 6~9월에, 2%가 11월에 각각 분만된 것이었다. 따라서 분만은 봄에 시키고 비유기간은 2년간 연속시키는 동시에 교배는 2년에 1회 시키는 것으로 일반적으로 알고 있다.

다시 말하면 임신으로 인한 비유량 저조나 출산기 전의 고유가 없게 되므로 12마리를 교대로 경영번식시키면 겨울에 최저기에도 한 마리의 최고

유량기의 60%는 비유할 수 있고 다음 해 봄에는 75%까지 회복한다는 사실로 보아 이 방법이 좋을 것이다.

(4) 사양관리(飼養管理)와 비유(泌乳)

사양관리면에서 결함이 있으면 10~15%까지 비유량이 감소하는 수가 있다.

사양관리에는 사료의 종류와 양에 직접적인 원인이 있는데 가능한한 조사료, 농후사료를 규정량대로 충분히 급여하여 영양가치를 높이게 한다.

성분적으로 가소화 양분총량 이상으로 단백질의 양을 고려할 필요가 있으며 농후사료 한가지만 있을 때는 질이 좋은 조사료를 여러 가지로 주지 않으면 아미노산 조성에 결함이 생긴다.

또 기호성이나 비타민, 광물질 등을 염두에 두고 결핍증상이 일어나지 않도록 해야 한다.

그리고 영양가가 높다고 해서 양을 적게 주면 활동이 완만해지고 비유량도 적다. 그렇다고 농후사료를 너무 많이 주면 위의 활동이 원활하지 못해 좋지 않으므로 적량을 조사료와 함께 주어야 한다.

겨울철 사료관리는 다습질의 엔실레이지나 뿌리 채소, 잎채소 등의 유무가 비유 능력에 영향을 준다.

그러므로 사료 중에 수분이 어느 정도 함유되는가 하는것을 염두에 두고 가능한한 건초기에도 수분이 함유된 사료를 주는 것이 좋다.

착유시 최후의 한 방울까지도 착유해야 하는데 짜는 방법이 나쁘거나 염소가 협조하지 않을 경우는 이 최후의 젖을 얻을 수가 없다.

최후의 젖에는 지방질이 많이 함유되어 있으므로 성분상 최후의 것이 중요하다.

간혹 사육자 중에는 젖을 짜고 남은 젖을 새끼 염소에게 빨리는 경우가 있는데 분량은 적으나 농후한 젖을 섭취하는 것이다.

또 착유 횟수가 많을 수록 착유량이 많다고 보지만 확실한 근거가 없는 말이고 적합한 횟수도 표시된 것이 없으나 대개 1일 2~3회 하고 있다.

3. 젖짜는 법

농가용 염소의 젖짜기에는 따로 착유실이나 착유대를 마련할 필요는 없으나 청결에 유의하지 않으면 안된다. 젖짜기에 앞서서 손을 잘 씻고 온탕에 담근 타올 등으로 유방을 조용히 조심껏 문지르면서 닦는다.

착유통을 왼손에 쥐고 염소가 그 반대쪽을 향해 중허리로 대고 오른손의 엄지손가락과 검지로 젖꼭지 밑동을 가급적 단단히 쥐고 중지(中指), 약지(藥指), 이어서 새끼 손가락의 순으로 쥐어 짜면 젖은 쉽게 흘러 나온다.

이때 엄지와 인지로 젖꼭지를 극히 가볍게 쥔 채로 위로 찔러 올려 유방내의 젖을 젖꼭지 쪽으로 흘러나오게 하면서 짜는 것이 중요한 요령이다. 그리고 젖을 짜고서는 문질러 주고 문지르고는 짜는 일을 반복 연속하는 것이다. 이렇게 해서 젖꼭지 내에 젖이 남지 않도록 뒷짜기를 확실히 이행해야 한다.

착유, 즉 젖짜기의 요령은 새끼 염소가 어떻게 해서 어미 염소의 젖을 먹는가를 자세히 관찰하면 알 수 있다. 새끼 염소는 어미의 젖꼭지를 입에 물고 왕성하게 위로 찔러 올리고는 받고 또 찔러 올리고는 빨곤 한다. 새끼염소야말로 숙련된 착유자인 것이다.

(1)착유상의 주의

ⓐ 정성껏 빠르게 단시간에 다 짤 것.

ⓑ 착유중의 염소에게는 특히 단백질과 수분이 많은 사료를 충분히 줄

것. 또 항상 청결하게 하고 매일 솔로 문질러 준다. 그리고 어미 염소에게는 접근시키지 말 것. 이밖에 악취가 묻는 것을 피하도록 하는 등으로 노력할 것.

ⓒ 비유량에 직접 관계되므로 항상 안정을 시켜 신경을 흥분시키지 말 것.

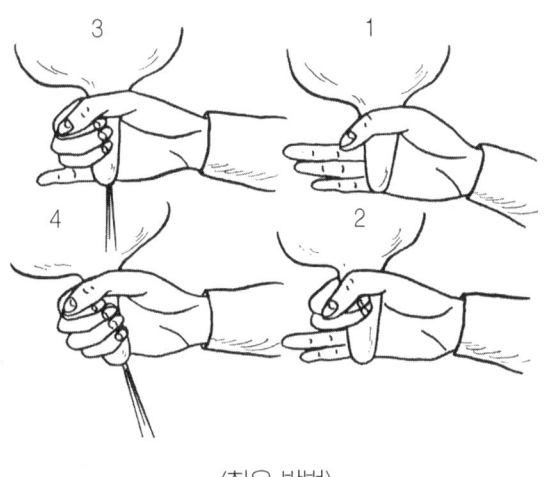

〈착유 방법〉

ⓓ 염소는 음악을 좋아한다. 스스로 유쾌하고 안심하며 착유되도록 유의할 것. 함부로 다리를 묶고 착유하는 것은 피할 것이며 평소부터 그대로 착유할 수 있도록 길들여 놓을 것. 만일 착유중에 염소가 움직여서 곤란할 때에도 목책에 목을 매어 놓을 정도로 할 것.

ⓔ 착유는 아침, 저녁 2회 혹은 아침, 낮, 저녁의 3회 하고 가급적 시간을 일정하게 할 것. 또한 비유 말기에는 1일 1회로도 된다.

ⓕ 착유는 같은 사람이 하는 것이 비유성적이 좋다. 매일 바꾸지 않도록 할 것.

ⓖ 착유장소는 바꾸지 말고 가급적 같은 것이 좋다.

ⓗ 숙련이 되면 양손으로 양 젖꼭지를 동시에 쥐고 교대로 착유할 수 있으나 초보자는 한 손으로 착유할 경우에는 반드시 좌우 교대로 소량씩 짜야 한다.

ⓘ 유방내에 젖을 남기면 비유량은 점점 줄어들 뿐만 아니라 비유기도 단축되므로 남기지 말 것.

〈어미염소의 젖을 먹는 새끼염소의 자연스러운 모습〉

ⓙ 착유관은 그때마다 반드시 잘 씻어 깨끗하게 할 것.

ⓚ 착유 최초의 극히 소량의 젖은 세균류나 오물이 함유되는 수가 있으므로 짜버릴 것. 또한 이것을 염소에게 핥게 하면 자기의 젖을 먹는 버릇을 배우게 되므로 주의할 것.

ⓛ 초산인 염소는 착유를 싫어하는 수도 있으므로 잘 애무하며 조용히 다가서서 공포심을 없앤 뒤에 서서히 착유할 것.

ⓜ 착유기술은 숙련된 분으로부터 실지로 지도를 받는 것이 바람직하다. 숙련자와 미숙자와는 착유량, 비유기간에도 큰 차가 있다.

(2) 내려 짜기

엄지 손가락과 인지 즉 집게 손가락을 둥글게 쥐고 젖꼭지 윗대목을 꽉 쥔 채 그대로 젖꼭지 끝까지 훑어 내려 오는 방법인데 간단하지만 힘을 주어 훑어 내리는 관계로 유방의 아래쪽으로부터 젖꼭지가 늘어져 보기 흉하므로 권장할 만한 일은 못 된다.

그러나 젖꼭지가 짧은 젖염소에게는 길게 하려는 방법으로는 편리한 점이 있어 행하기도 한다.

(3) 관행법(慣行法)

손으로 착유하는 방법 중에서 가장 합리적인 방법으로 엄지 손가락과 집게 손가락으로 젖꼭지 윗대목을 꽉 쥐고 다음에는 가운데 손가락, 무명지의 순으로 끼어 쥐어 짜는 방법이다.

익숙하지 못할 때는 손가락 힘이 부족하기 쉽거나 가운데 손가락에서 무명지의 순으로 쥘 때 부지중에 엄지 손가락이나 집게 손가락의 힘이 빠져 약해지면 젖이 유방 안쪽으로 역류하는 수가 있어 염소 자신의 기분도 좋지 않을 뿐더러 심한 경우 아프기도 하기 때문에 착유하는 것을 고통으로 여기게 됨으로써 착유를 싫어하는 나쁜 버릇을 초래함은 물론 젖도 순조롭게 잘 나오지 않게 된다.

(4) 기계의 이용(眞空搾乳器)

젖소와 같이 기계(밀카)를 이용하여 단시간에 대량을 짜내는 방법이다. 즉 새끼 염소가 젖을 빠는 원리를 응용하여 저압으로 젖이 유출되도록 만들어진 기계인데 능률도 좋고 노력이 들지 않는 방법이다.

〔밀카 이용시의 주의점과 준비〕

ⓐ 젖은 세균에도 좋은 번식처가 되므로 산패(酸敗)나 부패의 원인을 막으려면 청결히 해야 한다. 그러므로 처음부터 되도록 세균이 젖에 들어가

지 않도록 해야 한다.

따라서 먼지가 나지 않는 장소에서 착유해야 한다. 또 염소의 몸도 깨끗히 손질하고 특히 배나 유방 그리고 항문 근처는 더운 물로 씻거나 깨끗한 물수건을 잘 닦은 다음 착유를 시작하는데 젖을 받을 양동이도 항상 깨끗이 다루어야 한다.

세균은 눈에 보이지 않으며 공기나 먼지 속이나 가축의 몸에 붙어 있다가 오염되므로 눈에 보이지 않는 이러한 세균을 상대로 하는 것이므로 항상 주의하여 착유자의 손이나 몸을 깨끗이 해야 한다.

ⓑ 안정된 기분을 가지도록 한다. 강제적으로 염소를 다루어 공포감을 주거나 불유쾌한 기분을 준다든지 혹은 흥분시키는 일은 절대 금물이다. 평화스러운 분위기에서 착유하지 않으면 비유량이 점점 줄어든다.

ⓒ 악취가 나는 곳에서 멀리 떨어져 착유할 것. 수컷의 냄새나 어떠한 냄새라도 젖은 잘 흡수하므로 좋은 젖을 생산하려면 특히 주의해야 한다.

(5) 젖짜는 횟수

앞에서도 약간 언급한 바 있지만 젖짜는 횟수는 각 염소의 비유능력 여하에 따라서 정하는 것이 이상적이다.

자주 짜는 것이 합계량이 많지만 정도 문제이며 젖을 많이 생산하지 않는 염소에 대해 자주 착유한다는 것은 노력만 허비할 뿐이다.

젖염소의 예로는 하루 5ℓ 생산에 4회, 3ℓ 내외라면 3회, 2ℓ 이하라면 2회 정도가 알맞는 착유 횟수이다.

시간은 평균해서 정하고 또 엄수해야 좋은 성적을 가져온다. 만일 사육 염소가 많을 때는 착유하는 사람과 염소를 정하여 사람이나 염소를 바꾸지 말고 짜도록 해서 염소의 기분을 좋게 한다.

(6) 비유 기간(泌乳期間)

비유 기간은 품종, 혈통, 연령, 분만기, 사양 관리, 착유 기술의 양부 등 여러 가지 조건에서 차이가 있다. 나이는 3~5세로서 2~4산째가 가장 길고 초산일 경우와 늙은 염소의 비유기는 짧다.

이른 봄에 분만한 것은 가장 길고 추위를 느끼는 계절에 분만한 것은 가장 짧다. 긴 것은 1년, 짧은 것은 5~6개월이다.

(7) 비유 연령(泌乳年齡)

3~5세가 비유량이 최고이고 그후 점차 줄어들고 기간도 단축하고 10세경이 되면 현저히 줄어들게 된다. 또한 사양 관리, 착유기술 등에 따라 커다란 차이가 생기는 것이다.

(8) 비유량(泌乳量)

비유량도 앞에서 기술한 조건과 마찬가지로 큰 차이가 있다. 보통 젖짜는 염소는 그 체중의 12배, 즉 1유기(8개월) 사이에 880~1000kg정도 분비한다.

우량종 중에는 1,100kg의 기록도 있다. 또한 최적기는 분만 후 1~2개월 사이이며 그후 점차 감소한다. 농가의 자가용으로는 1일 최고비유량이 많은 것 보다도 비유기간이 긴 쪽이 낫다.

4. 젖의 처리

짜낸 젖에는 먼지가 들어가기 쉬우므로 깨끗한 여과기를 이용하여 걸러야 한다.

즉 냄새가 없고 깨끗한 플란넬이나 한랭사 등으로 걸러서 쓴다. 염소류는 결핵균에 대해 강하므로 생유를 먹는 것이 소화도 좋고 효과적이다.

그러나 농가에서 착유하는 것은 보존해야 할 경우가 있으므로 세균의 번식을 억제하는 방법을 알아야 한다.

세균의 침입이나 번식을 억제하려면 착유된 것을 곧 가열하는 것이 보통이다. 가열 살균된 젖은 가능한한 낮은 온도에서 보존해야 한다.

가열을 하지 않고 냉각기가 있으면 냉각시켜 찬물에 보존해 두면 되는데 너무 지나치게 냉각하면 동결되어 유질이 나빠지므로 주의해야 한다.

보통 4~5℃가 알맞는 온도이므로 냉동기나 냉장고가 있으면 적격이다. 젖은 비교적 빨리 식지 않으므로 깨끗한 막대로 휘저어 식히는 것이 좋다.

여름에는 가열 살균하는 것이 안전하나 가열시 너무 과열하면 살균은 잘되나 젖에 함유하는 영양분의 손실이 많으므로 근래에는 영양가의 손실도 적고 살균효과도 좋은 저온 살균법을 쓰고 있다.

즉 65℃에서 30분간 보존하는 것이다. 그러나 우리들이 일반적으로 사용하는 것은 가열 처리 방법이므로 여기에 가열 처리법에 대해 설명하기로 한다.

가열 처리시 적은 양은 남비나 솥의 물이 70℃쯤 되었을 때 젖이 들은 병을 넣어 살균시킨다.

이때 물의 온도가 너무 높아지지 않도록 주의해야 한다. 또 보온병을 쓰면 깨질 우려가 있으므로 염려가 없는 병을 쓰도록 한다.

그리고 저온 처리법에 대해서는 아직 적은수의 균이 생존할 우려가 있어 방치해 두면 30~40℃사이의 온도를 경과하는 동안에 균의 번식이 왕성해지므로 열처리 직후에는 냉각하여 곧 식히게 한다.

규모가 클 때는 밀폐된 살균통에서 살균하여 냉각기에 의해 0℃ 가까이까지 냉각한 후 기계로 병속에 간직해 둔다. 소량일 때는 10℃정도의 차가운 물에 보존하면 24시간 정도는 안전하다.

이렇게 하지 않고 그대로 내버려 둔다면 병속에서 발효하여 두부 모양으로 변한다.

이때 단순히 산미가 강해서 부패된 악취가 나거나 맛이없을 때는 유산균이 번식되어 있는 것이다. 유산균은 독이 아니라 강장제가 되는 것이므로 이것은 먹어도 해롭지가 않다.

용기는 알루미늄, 알루마이트, 법랑(琺瑯)그릇, 유리그릇 등이 좋고 놋그릇, 아연, 납, 구리 등을 함유하는 것은 독소가 생기므로 쓰지 않는다. 대두병, 맥주병은 착유시 먼지나 털이 잘 들어가지 않아서 좋다.

사용 후의 용기는 모두 열탕이나 소량의 소오다를 푼 열탕으로 잘 씻고 다시 찬 물에 씻어 햇볕에 말려 둘 것.

염소젖은 원래 다른 냄새를 흡수하는 성질이 강하므로 취급이 좋지 않으면 염소의 채취나 기타의 암취를 흡수하므로 착유가 끝나면 젖을 곧 축사 밖으로 가지고 나와 깨끗한 헝겊(플란넬 등)으로 여과하고 표면이 넓은 용기에 옮겨 열을 발산하거나 용기채로 찬물에 넣어 휘저으면서 냉각하면 악취는 열과 함께 발산한다.

냉각한 젖을 즉시 먹지 않을 경우는 냉장고에 넣어 두면 좋다. 또한 가열살균할 때는 앞에서 기술한 용기에 담아 불에 올려 놓고 뜨거워지면 내려 놓을 정도로 하면된다.

제9장 질병의 예방과 치료

염소는 원래 병 같은 것에 걸리는 일이 적은 강건한 가축이다. 병의 원인의 주된 것은 습기, 더위, 불결, 운동 부족, 사료(變敗 急變, 多給, 配合不合

里등), 흡혈해충등의 원인 때문이다.

〈병의 징후〉

ⓐ 식욕이 감퇴되거나 없어진다.

ⓑ 되새김이 완만해지거나 없어진다.

ⓒ 거동이 활발하지 못하게 된다.

ⓓ 일어서도 멀거니 서있거나 머리를 수그린다.

ⓔ 누우면 복부에 머리를 가져 간다.

ⓕ 눈에 힘이 없고 얼굴에 권태감이 있다.

ⓖ 털의 광택이 없다.

ⓗ 질병에 따라서 다르지만 일반적으로 호흡수가 증가한다.

ⓘ 맥박이 빠르고 약하다.

ⓙ 체온이 상승한다.

우선 증상을 확인하고 그 원인 및 병명을 확인하고 경우에 따라서는 대증요법(對症療法)을 생각할 필요가 있으나 모르는 사람이 판단하는 것보다는 수의사의 진료를 받아 그 지시를 따르는 것이 안전하다.

건강한 염소의 체온 기타를 표시하면 다음과 같다.

〈건강한 염소의 체온·맥박수·호흡수〉

• 체   온

 1세 이상 = 38.5~40.5℃

 1세 이하 = 38.5~41.5℃

 보통 39.5℃ 정도이다.

• 맥박수(1분간)

 생후(직후) 100~120

 1세 80~100

2세 이상   70~80

보통 뒷다리의 가랑이 동맥으로 잰다.

• 호흡수(1분간)

여러가지 조건에 따라 다소 차이는 있으나 대개 12~20정도이다.

호흡수가 많아지는 주된 병은 열사병·일사병·폐렴·늑막염·고창증·파상풍 등이다.

1. 예 방

특별히 관심을 기울여 겨울철 준비와 급여, 발효성 먹이와 유해식물에 대해 주의하도록 한다.

ⓐ 축사의 관리를 철저히 하여 습하지 않도록 할 것이며 기후에 대해 세심한 관심을 가지고 더위와 추위의 차이가 심하지 않도록 노력해야 한다.

ⓑ 여름 해충에 대해 특별히 주의하고 모기 구제에 대한 관심을 가지도록 한다.

ⓒ 체내에 번식하는 기생충을 구제한다.

ⓓ 운동을 충분히 시켜서 건강 유지에 노력한다.

ⓔ 착유시 환경이 알맞는 장소를 택하여 안정감을 주어야 하며 정확한 방법으로 착유해야 한다.

2. 진 단(診斷)

매일 세심한 관찰을 하는 것이 진단의 첩경이다.

ⓐ 외   모 사육에 초보자라도 주의하여 관찰하면 행동으로 판단할 수가 있다.

배변의 형태, 되새김, 운동의 이상 등으로 발병의 여부를 분별할 수가 있다. 발병증상을 발견했을 때는 치료에 자신이 없으면 즉시 전문 수의사에게 맡겨서 빨리 처방하는 것이 좋다.

고창증과 같은 병은 저녁에 발병하여 아침에 죽는 수가 많은 급성이므로 수시로 관찰해야 한다.

ⓑ 행   동 염소는 경쾌한 동물이므로 항상 빠르고 경쾌해야 하는데 그렇지 않고 걸음걸이가 느리거나 주위환경에 민감하지 않을 때는 몸에 이상이 생겼다는 증상이다.

염소는 항상 가깝게 지내는 사람이 가까이 가면 명랑한 울음소리를 내는 습성이 있으며 먹이를 먹는 중이거나 잘때에도 머리를 쳐든다.

여러 마리를 사육할 때 혼자 떨어져 있다거나 머리를 숙이고 있거나 할 때에는 이상이 있는 것이다.

또 잠을 잘 때 머리나 몸을 꾸부리는 정도가 지나치면 복통이 나고 있는 증상이기도 하다.

ⓒ 체   온 건강에 이상을 느끼면 체온을 재 보는 것이 좋다.

염소의 정상적인 체온은 38~39℃ 정도로서 다소 차이는 있다. 체온을 잴 때는 항문을 이용하며 평상시 체온을 확인하고 기억해 두는 것이 필요하다.

ⓓ 맥박과 호흡 맥박은 왼편 허파 심장부나 가랑이 사이에서 알 수 있다. 암컷의 경우 정상 맥박은 60~70회이고 수컷은 70~80, 새끼는 100~130회 내외이다. 열이 발생할 때는 물론 맥박도 증가한다.

익숙한 수의사도 이 맥박으로 어떤 종류의 질병인가를 알 수 있다. 호흡수는 어미가 12~20회이고 새끼는 15~20회 정도이다.

ⓔ **식　　욕**　건강한 것은 식욕이 왕성하여 배가 고플 때는 앞다리로 바닥을 긁으며 먹이 주기를 재촉한다.

먹이를 먹고난 후 조금 있으면 되새김질을 시작하는 데 이때 염소의 표정은 여유있고 즐거운 표정을 짓는다.

그렇지 않고 시원찮아 하거나 되새김질을 하지 않는 것은 이상이 생겼다는 증상이다.

ⓕ **털과 피부**　윤기가 흐르고 탄력이 있어야 건강하다.　털이 거칠고 빈약하거나 가지런 하지 않을 때는 영양 섭취가 불충분하다는 징조이다.

피부는 탄력성이 있고 엷으며 윤택해야 건강도 좋으며 우수한 염소이다.

ⓖ **영양상태**　젖이 나오는 염소가 과대비육한 것은 좋지 않다.　그러나 여윈 듯 하면서도 영양 상태가 좋은 것은 털의 형태나 외모의 윤기가 있고 미끈하며, 영양 상태가 나쁜 것은 거칠고 여윈 것으로 확실히 구별할 수가 있다.

ⓗ **눈 동 자**　건강할 때는 밝고 생기가 넘쳐 있고 부드러워야 하나 그렇지 못하고 이상이 있을 때는 붉은 빛을 띠고 힘없이 맥이 풀린 상태를 하고 있다.

ⓘ **점　　막**　건강할 때의 콧구멍, 입, 음순 등의 점막에 윤기가 흐르고 선명한 복숭알 빛을 하고 있으나 까칠까칠한 감을 준다.

ⓙ **배분 상태**　건강할 때의 정상적인 배분은 콩알처럼 낱낱이 흩어지며 암갈색의 광택이 있어야 하나 그렇지 않고 소의 배뇨처럼 뭉쳐서 퍼져 나온다면 가벼운 설사이고 흙탕물 모양의 것은 심한 설사이다.

3. 허리 마비

사육 마릿수가 많을 때 가장 피해를 많이 주는 병이다.

허리마비는 우리 나라에서 가장 많이 발생하는 질병으로 시기적으로는 8~9월에 많다.

옛날에는 이 병에 걸리면 치료할 가망이 없는 것으로 인정하고 치료할 생각도 하지 않았으나 그후 권위자들의 연구로 병의 원인이 확실하게 되고 거의 완전한 예방과 어느 정도의 치료가 가능해졌다.

그런데 여러 가지 병이나 증상 중에서 허리에 마비를 일으켰을 경우를 총칭해서 막연하긴 하지만 허리마비라고 한다.

따라서 그 원인 중에서 사상충의 기생에 의해 여름부터 가을에 걸쳐 염소, 면양에 허리마비를 일으키는 병을 종래는 염소의 허리마비라고 통속적으로 일컬어졌으나 여기서는 「뇌척수사상충증」이라 구별해서 기술하기로 한다.

ⓐ 일종의 풍토병으로서 전염병은 아니다. 소의 복강내에 기생하는 사상충인 세타리아 지기타타의 어린 벌레가 흡혈곤충인 모기의 매개에 의해 염소에 기생하여 뇌, 척수를 자극하기 때문에 일어난다고 한다.

이런 경우는 모기를 방제하면 허리마비가 발생하지 않게 된다.

재래종 흑염소는 뇌척수에 새끼벌레가 작용해도 쉽게 발병하지 않지만 수입종이나 일대 잡종은 즉시 발병한다.

또 연령이나 성별과는 아무런 관계가 없는 것으로 알려지고 있다.

그 예로는 생후 40일의 새끼 염소가 발병하는가 하면 종모나 거세한 염소 및 간성도 모두 발병한다.

<염소의 허리마비>

〈뇌척수 사상충증〉

발병시기는 앞에서 기술한 바와 같이 모기가 극성인 8~9월에 많다. 풍년에는 일조가 계속되어 모기가 적게 발생하기 때문에 이 병의 발생률도 적어진다.

세타리아 지기타타는 소의 뱃속에 기생하는 백색 사상충으로서 성충의 암컷은 길이가 8.6㎝, 수컷은 4.7㎝가량이고 암컷은 태생으로 새끼벌레를 낳는다. 새끼벌레는 피부에 있는 핏줄 속에 유영(遊泳)하고 있어 이것이 모기에 의해 흡수된다.

새끼벌레는 중간숙주인 3종류의 모기 체내에서 성숙하여 벌레가 되고 거기에서 감염의 기회를 노리고 있다.

ⓑ 전염 경로 소→모기→소는 보통 코스이지만 소에서는 발병하지 않는다. 소→모기→염소의 코스는 불행한 개체가 발생하게 된다.

염소 체내에 옮겨간 새끼벌레는 반드시 뇌척수에 들어 간다고는 할 수가 없고 또한 들어가더라도 발병이 되지 않는 예가 많다. 극히 드문 일이지만 눈에 감염되어 실명하는 수가 있다.

감염으로부터 발병까지, 즉 잠복기간은 1.5개월이 일반적이지만 빠른 것은 15일인 것도 있다.

이러한 잠복기간의 조사는 없으나 모기의 발생에서 발생 중지후 1.5개월 가량이라고 추측하고 있다.

ⓒ 증　세 전증상(前症狀)은 특징이 없다. 발열도 없고 원기가 다소 떨어진 정도로서 식욕도 있고 운동만 활발하지 못하여 걸음걸이가 휘청거리고 기립이 곤란하다.

개가 앉는 법과 같은 앞다리를 짚은 자세, 사경(斜頸), 전혀 일어서지 못하고 누워있는 채로 있는 것 등 증상은 여러가지이다.

이 병의 최대의 특징은 이와 같은 운동장해에 이어서 변비 또는 빈번한 배설(糞粒 : 은 보통 둥글지만 삼각형, 방추형으로 변형하고 작다), 욕창, 안구(眼球) 돌출, 동공산대(瞳孔散大), 눈이 날카로와지거나 눈의 변이가 전혀 없는 것, 패혈증(敗血症)을 병발하는 것 등으로 가지 가지이고 예후(豫後)도 치료로 회복하는 것, 후유증을 남긴 채로 살아있을 뿐인 것, 결국 죽음에 이르는 것 등 여러 가지이다. 염소, 면양 특유의 난치병이다.

이런 증세로 분류하면 대략 3가지로 나눌 수 있다.

첫째는 갑자기 심한 마비증세가 나타나서 일어서지도 못한다. 이러한 마비는 전신에 미치는 흥분 상태를 나타내어 이상한 눈초리와 머리를 기울이는 증세를 일으키고 식욕이 없거나 있더라도 채식은 할 수가 없다.

둘째, 전신 증세는 아니지만 일어서지 못하거나 옆으로 누워 있다. 그러나 앞다리는 일어설 수 있으므로 개가 앉는 것 같은 자세를 취하며 사료를 먹는다.

셋째, 증상은 일사병이나 열사병으로 오진하는 예도 있다. 세번째 증세는 심하게 앓아도 일어설 수 있으며 보행도 가능하나 허리 또는 뒷다리의 마비로 인해 힘이 없어 여의치 못하다.

둘째, 세째형은 침묵형 증세로서 점차로 증세를 나타내고 세째에서 둘째로, 다시 첫째형으로 증세가 바뀌는 것도 있으며 그 중간형도 있다.

첫째형이나 둘째형의 증세는 사람이나 말에 많은 뇌염이 자연 감염 되는 수도 있다.

첫째형은 경과가 빨라 회복되는 시간도 2~3일을 요하지만 폐사율도 많다.

둘째형이나 세째형은 만성이라서 회복되더라도 후유증을 유발하거나 전쾌하는 수도 있는 등 여러 가지 경과가 있다.

발생은 여름·가을 사이의 2회, 작년과 금년 또는 재발, 삼발까지도 있다.

ⓓ 예   방   예방보다도 근절책이 있다. 방법으로는 소의 세타리아나 중간 숙주인 3종의 모기를 전멸시키는 일이다. 소의 세타리아는 지역적으로 근절한 예가 있고 그지방의 파리나 모기로부터 피해를 방지하는 방법이 제일 좋다고 하겠다.

모기는 밤에만 활동하는 것이 아니라 음침한 곳에서는 낮에도 활동하므로 축사는 항상 밝고 공기의 유통이 좋아야 한다.

그러므로 우수한 축사에는 방충망을 설치해 두는 것이 안전하다. 이를 위해 여름철 방목은 가능한 한 높은 곳에서 하는 것이 좋다.

둘째 방법으로는 전염 후 발병까지 새끼벌레가 중추신경 조직에 들어갈 때까지의 기간 중에 새끼벌레를 약으로 전멸시켜 버리는 일이다.

이용하는 약으로는 시판하는 모기약이 안전하다. 그러나 모기가 발생하는 시기에는 20~30일 간의 간격으로 예방주사를 놓는 것이 좋다.

그 사용량은 안티몬제를 쓰는데 안티몬의 실량은 염소의 체중 1kg마다

5~6cc씩 2회 정맥 주사를 놓는다.

주사할 때 서서히 하여 중독이 일어나지 않게 해야 한다. 만약 중독 증상이 일어나면 즉시 해독제를 써야 한다.

ⓔ 치　　료　전에는 허리마비의 원인이 무엇인지 알 수 없었으므로 안마를 해 주거나 200cc 가량의 체혈을 한다거나 골수액의 배제 등의 방법을 이용했다.

그러나 지금은 원인을 명백히 알게 되었으므로 전문이의 치료 방법에 맡기거나 지시에 따라야 하며 치료에는 주로 안티몬제를 사용하는데 안티몬제에는 안티몬 콜로이드 토주석, 나트륨 토주석 등이 있고 비소제 등으로는 솔미노르 필하르젠 등이 있다.

이러한 약은 병의 증세를 중지시키는데 불과하며 병으로 조직이 마비된 것의 회복에는 효과가 그다지 없다. 좋은 효과를 얻으려면 발병을 조기발견해서 치료해야 한다.

사용량은 염소 1kg당 8cc씩 3~4회 정맥주사를 놓아 준다. 기타 대중요법으로는 설사약을 써서 관장을 시키고 영양 상태가 좋은 것은 200cc 정도 채혈하고 같은 분량의 링게르액을 주사한다.

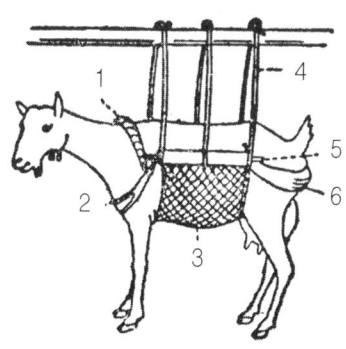

〈허리마비의 보정〉

한편, 이 병의 원인에는 앞에서 기술한 것 외에 적절하지 못한 사양관리, 여름철의 더위, 다우다습, 통풍불량, 스트레스 등의 요인이 되어 발병하는 것이므로 다음과 같이 조처를 취하도록 한다.

　ⓐ 염소사를 건조하고 청결하게 하며 마른 깔짚을 충분히 깔아 준다.

　ⓑ 안정하게 한다.

　ⓒ 양질의 건초 · 목초 · 생초를 준다.

　ⓓ 농후사료의 급여량을 줄이고 칼슘과 인산분을 준다.

　ⓔ 자외선을 풍부히 쬐이게 하고 통풍을 좋게하여 서늘하게 한다.

　ⓕ 염소의 몸의 각부위를 짚묶음으로 잘 문질러 주어 혈행을 좋게 한다.

　ⓖ 비눗물, 글리세린 등으로 관장하여 배변을 좋게 한다.

　ⓗ 운동을 시키도록 노력하고 건위제, 정신영양제 등의 약제를 사용하여
　　 마비 증세의 조기치료에 힘쓰도록 한다.

4. 일사병(日射病) · 열사병(熱射病)

　ⓐ 원　　인　한여름의 염천하의 햇빛의 직사, 통풍 · 환기가 불량하고 습도가 높은 무더운 축사내의 더위 때문에 일어난다. 전자의 햇빛의 직사에 의한 병이 일사병이고 후자 즉 축사내의 무더위에 의한 병이 열사병이다.

　ⓑ 증　　세　식욕이 없어지며 원기가 떨어지고 땀이 나는 외에 호흡이 빨라지거나 곤란해진다. 체온이 오르고 (42℃이상) 심장이 몹시 고동친다. 불안과 흥분이 되는 동시에 일어서지 못하고 쓸어진다. 경련 등이 주된 증산으로 죽음에 이르는 수도 있다.

　ⓒ 치　　료　통풍 · 환기를 좋게 하고 서늘하게 한다. 병든 염소를 조용히 그늘로 옮기고 안정을 시킨다. 머리를 얼음이나 물로 적신다.

냉수 관장을 가끔하여 체온을 떨어뜨린다. 경우에 따라서는 전신에 냉수를 끼얹는다. 수의사의 전문적인 치료를 받는 것이 안전하다.

5. 고창증(鼓脹症)

급성과 만성이 있는데 무서운 질식사를 일으키는 것은 급성고창증이다. 만성고창증의 경우는 수의사의 지시에 따라 관리와 간호를 하면 시일은 다소 걸리지만 대부분의 경우 치유된다.

ⓐ 증　세　제 1위 내에 발효가스가 이상발생해서 충만된다. 이 때문에 배가 부풀음과 동시에 호흡곤란에 빠진다. 제 1위와 제 2위의 수축운동이 완전히 정지되고 되새김도 없어진다. 결막이 충혈하고 맥이 가늘고 약해진다.

심장의 고동은 심하지만 열은 없다. 불안한 증상을 나타내고 호흡이 거칠어진다. 발견이 늦어지거나 치료가 늦으면 질식사한다.

특히 포말성(泡沫性) 고창증은 죽음에 이르는 경우가 많고 수의사의 치료에서도 이 병의 발생인자에 아직 문제가 남아 있는 병이기도 하다.

ⓑ 원　인　발효하기 쉬운 사료의 과식이 주원인으로서 축사에서 가두어 기르다가 갑자기 방목하면 풀 등을 즐겨 마구 먹는 봄에 많이 일어난다.

발효하기 쉬운 사료로는 콩과 식물, 맥주지게미, 쌀겨, 콩 등을 들 수 있다.

또한 곡류인 보리나 콩 등을 너무 많이 과식하면 한 시간도 못되어 쓸어지는 수가 있으므로 사료관리를 철저히 해야 한다.

ⓒ 치료(응급조치)　제 1위 내의 가스를 배출하여 위의 운동과 트림을 촉진함과 동시에 위속의 거품발생을 막거나 없애기 위해 시간을 다투는 경

우가 많으므로 즉시 의사의 전문시술이나 치료가 필요하다.

수의사가 도착하기까지의 사이에는 짚묶음이나 걸레로 복부를 앞뒤로 문지른다. 사이다나 맥주를 1회에 중컵하나 정도의 양을 조금씩 조용히 병으로 먹인다.

이때 기관 쪽으로 잘못 먹이지 않도록 주의하지 않으면 안되므로 수의사나 경험자의 협력을 얻는 것이 바람직하다.

한편, 발효억제제로는 차염산소오다, 히염산 등을 쓴다.

심할때는 주사바늘로 제 1위에 찔러 직접 가습을 뽑는 방법도 있다. 그러나 이 방법은 복막염이나 위의 유착을 일으킬 우려가 있으므로 전문적인 수의사에게 맡겨야 한다.

6. 위카타르 (胃 Katarrh : 胃炎)

ⓐ 증　세　되새김질이 바르지 못하며 등을 둥글게 꾸부린다. 한 곳에 멍하니 서 있으며 식욕이 줄어든다. 위의 운동은 거의 중지상태에 있고 제4위 부분을 압박하면 아픔을 느낀다.

ⓑ 원　인　과식, 식중독 등 여러 가지 위병에 수반해서 발병한다.

ⓒ 치　료　설사제를 주며 1~2일 정도 사료를 주지말고 굶긴다. 이후 양질의 사료를 조금씩 점차로 주고 건위제를 먹이면 5~6일만에 회복된다.

7. 장카타르(腸炎)

ⓐ 증　세　물을 많이 먹고 설사를 하며 체온이 오르고 대변에서 악취가 난다.

ⓑ 원　인　사료관리의 부주의로 소화가 잘 안되는 사료를 먹었거나

심한 추위와 심한 더위, 운동부족, 장마철의 습기 등이 원인이 되어 발생한다. 장염으로 말미암아 위병이나 전염병이 유발할 우려가 있다.

ⓒ 치　　료　1~2일간 사료급여를 중지하고 설사제를 먹여 장속의 내용물을 배설시킨다. 이렇게 한 뒤 밀기울이나 귀리와 같은 소화율이 좋은 사료를 점차 조금씩 급여하여 설사가 멎은 뒤에 양질의 사료를 알맞게 급여한다. 타닌이 많이 함유된 밤나무잎 같은 떫은 맛이 있는 것을 주면 좋다.

8. 위충병(胃蟲病)

ⓐ 증　　세　빈혈의 결과 점막이 희게 되며 부종이 생기고 아래턱 후두구에 이상이 생긴다.

ⓑ 원　　인　실과 같은 기생충이 주로 제 4위에 번식한다. 이 위충은 점막을 먹어 들어가 혈액을 흡수하며 독소를 분비한다.

ⓒ 치　　료　전에는 담배의 니코틴이나 환산동액(1~2%)의 20~30cc를 급여하였으나 근래에는 페노치아진이라는 새로운 약이 나와 있다.

이 위충이 배출되면 새끼벌레가 되어 습기가 많은 곳의 풀 위에 있다가 가축이 이 풀을 먹음으로써 윗 속에 침입하여 성충이 된다.

전멸이 용이하지 않으므로 습한 곳의 목초는 피하는 것이 좋다. 특히 어린 동물은 피해가 많으므로 이러한 곳의 목초는 주지 않아야 한다.

9. 복막염(腹膜炎)

ⓐ 증　　세　배에 물이 차고 냉해지는 병으로서 광범위한 발병일 때는 복통을 일으키고 배를 누르면 아픔을 느낀다.

오줌을 자주 누고 열이 오르며 식욕이 떨어지고 몸의 말단 부분이 차다. 위장이 파열하여 고름이 나올 때는 몇 시간만에 죽는 수가 있다.

만성일 때는 몇 개월이나 걸린다. 그러나 부위가 극한 될 때는 그 부위만 아픔을 느끼며 전신 증세는 일어나지 않는다.

ⓑ 원   인 못이나 철사토막, 돌 따위에 의해 위장천공(胃腸穿孔), 난소의 파열, 장염 등 내장의 고장이나 복부의 외상, 수술한 뒤의 세균침입, 인접 장기의 염증부에서의 세균 이동 등 여러 가지 원인이 있다.

ⓒ 치   료 위장천공 등에 의한 것은 죽기 전에 처분하는 것이 좋으며 복벽의 손상에 의한 경우는 그 상처를 소독하여 병독의 진행을 방지하면 된다.

기타의 경우는 냉수로 그 부위를 식혀 주고 치료약의 피하주사에 의해 창자의 운동을 억제한다. 변비 증세는 관장이나 설사제를 복용시키도록 한다.

복수(腹水)가 심할 때는 이뇨제를 쓴다거나 천복술(穿腹術)에 의해 배출하는데 2~3회로 해서 배출해야 한다. 한꺼번에 배출시켜서는 안 된다.

10. 설 사 (漿瀉)

ⓐ 증   세 유동수(流動水) 모양의 변, 흙탕물 같은 변 등 여러 가지가 있다. 점액이나 혈액이 섞이는 수도 있다.

ⓑ 원   인 사료의 급변, 곰팡이나 부패한 사료, 중독(급성·만성의 위장염), 기생충의 기생 등이 주된 원인이다.

ⓒ 치   료 원인이 무엇인가를 확인할 필요가 있다. 증상에 따라서는 1~2일 절식시키는 수도 있다. 동물용 위장약, 설사멎이, 숯가루를 주지만

기생충에 의한 것은 수의사나 가축병원에서 대변검사를 받아 어떤 기생충인가, 어떤 구충약이 좋은가의 지도를 받는 것이 안전하다.

11. 변 비(便秘)

ⓐ 증　세 장 속에 변이 차서 건조하여 체외로 배설되지 않는 것이다.

ⓑ 원　인 사양관리가 적당하지 않는 경우가 가장 많다. 불량한 조사료의 급여나 음료수 부족, 흙탕물이나 흙모래가 섞인 사료, 운동부족, 발열외 후유증 등에 의한다.

ⓒ 치　료 비눗물, 글리세린, 미온탕의 관장을 하여 배변을 도모한다. 하제를 1ℓ의 물에 풀어서 복용시킨다. 피마자유 20~30g을 먹인다. 음료수를 충분히 주어 다즙 질사료를 주는 등의 주의와 노력이 필요하며 수의사와 상담하는 것이 안전하다.

12. 식 체(食滯)

ⓐ 증　세 식욕이 없어진다. 되새김도 감퇴한다. 눈의 결막이 충혈하여 멍하니 기운없이 선다. 불안한 거동으로 능을 둥글게 하며 괴로워서 운다.

이빨을 갈기도 하고 침을 흘린다. 왼쪽 배가 부풀고 복통의 증상이 나타난다. 호흡이 얕고 빨라진다.

ⓑ 원　인 일시에 과식하였기 때문에 위가 확장하여 소화불량을 일으키고 있다. 염소에 많은 병이다.

ⓒ 응급조치 절식(2일 정도)한다. 복부를 짚묶음 등으로 잘 마찰한다(위를 자극하여 그 운동을 조장한다). 비눗물이나 글리세린으로 관장한다.

하제, 발효제지제를 투여하여 고창증의 병발을 예방한다. 그러나 급성고창증을 병발하여 왕왕 죽는 수도 있으므로 문외한의 치료를 삼가고 응급조치를 취하면서 즉시 수의사의 진료를 받거나 지시를 따르는 것이 안전하다.

13. 중 독(中毒)

ⓐ 증   세 원기가 없어진다. 침을 흘리며 구토, 흥분 또는 혼수(昏睡), 경련, 잘 못걸음, 체온상승, 호흡의 난조(亂調) 또는 곤란, 돌연한 전도(前倒), 피오줌, 급성위장염, 신염(腎炎), 방광염, 동공산대(瞳孔散大), 구내염(口內炎), 복통, 발한(發汗), 배뇨곤란, 부종(浮腫) 등 독성의 강조에 의해 증상이 다르다.

ⓑ 원   인 농약을 잘못해서 핥았을 때, 곰팡이가 발생한 사료를 먹었을 때, 유독 식물을 먹었을 때 등이 가장 많다. 또 유안비료를 담았던 가마니에 사료를 넣어 중독을 일으키는 수도 있다.

또 기생충의 구제를 목적으로 급여한 유산동의 용해가 불완전하였거나 용량이 너무 진한 것이 중독을 일으키는 수도 있다.

피마자, 마취목, 협죽도, 삼지닥나무, 감자의 눈, 당초(唐草), 디기탈리스, 미나리아재비, 민바꽃, 꽃양귀비, 가라목 등이 염소의 유독 식물로 되어 있다.

ⓒ 치   료 방목지의 풀의 종류나 급여한 풀속을 잘 살펴 볼 것과 수의사에게 곧 연락하여 진료를 받지 않으면 죽는 수가 많다. 유독식물의 독성분은 각각 달라서 해독제의 응용도 다르므로 유의하여야 한다.

예로부터 응급조치로서 계란의 흰자위, 우유, 염소젖, 초목의 잿물 등을 다량으로 먹이고 있다.

〈유독식물에 중독된 염소〉

우선 수의사를 부르는 동안 토사시켜야 한다. 토사시키는 데는 토주석 0.51g, 또는 1%의 황산농액이 효과가 있다.

1~2마리의 적은 마릿수일 때는 고무관을 위속에 삽입하여 씻어내고 계란의 흰자위나 염소젖을 주어 독성을 완화시켜 설사제를 주어 장속의 내용물을 급속히 배출하도록 한다. 설사제로는 피마자 기름을 100cc 정도 쓰면 된다.

14. 식모증 (食毛症)

ⓐ 증 세 다른 염소나 자기의 털을 먹고 목탄(숯) 도 먹는다.

ⓑ 원 인 무기염류 즉 칼슘이나 인이 부족하기 때문으로 생각된다. 겨울철 축사내에서 기르는 중에 발생하는 수가 많으므로 편식하지 않도록 해야 한다.

ⓒ 치 료 골분이나 칼슘제 등을 농후사료에 배합하여 주고 가급적이

면 아려 가지 사료를 배합해 주어야 한다.

목초 중에서도 콩과나 국화과의 것이 좋다.

15. 구내염

ⓐ 증　세 입안의 정막이 붉게 붓고 침, 입 안팎이나 입몸에 적자색 얼룩이 생긴다. 치이즈 모양의 농이 부착한다.

ⓑ 원　인 거칠고 억센 조사료(야초의 말리 것 등), 사료속의 잡물 등에 의한 입안의 포상, 유독식물, 곰팡이가 발생한 사료, 바이러스나 화농성세균, 약품 등이 원인으로 새끼염소에 흔히 발생한다.

ⓑ 치　료 입안을 잘 씻고 루고르액이나 벌꿀을 바르면 되지만 수의사의 지시를 받으면 안전하다.

16. 감기 (感氣)·폐렴 (肺炎)

ⓐ 증　세 발열, 기침, 비루(鼻漏), 눈물(눈꼽)이 보이며 식욕이 줄거나 또는 없어진다. 원기가 없어지고 멍하니 서 있는 것 등으로 알 수 있다.

ⓑ 원　인 젖을 뗄 무렵의 새끼 염소, 산후의 어미염소, 늙은 염소로서 저항이 약한 것이 틈바람을 맞거나 혹독한 추위를 맞거나 장시간 수송했을 때 등에 발병한다. 이밖에 서툴게 치료하느라고 약을 먹였기 때문에 생기는 오염성 폐렴이 있다.

ⓒ 치　료 깔짚을 새로 갈고 바람이 없고 화창한 날에는 일광욕을 시킨다. 또 염소사의 보온, 흉부의 찜질(가슴을 마대나 방석 등으로 따뜻하게 싼다), 양질의 건초급여, 사과·당근 등의 과일이나 야채의 급여에 노력하고

증상에 따라서 수의사의 진료를 받는다.

17. 유산 (流産) · 조산 (早産)

ⓐ 증   세 일반적으로 임신 4개월 반 이전에 분만했을 경우는 유산,
그 이후의 경우는 조산이라 일컬어지고 있다.

음부에서의 이상분비물, 누출물, 가벼운 용을 쓰거나 하지만 잘 관찰하지
않으면 보지 못하고 만다. 그러나 조산의 경우는 태아를 발견하는 수가 많
다. 일반적으로 후산정체를 수반하는 수가 많다.

ⓑ 치   료 수의사의 치료조치를 받고 그 지시를 따른다. 깔짚을 새로
갈고 청결 · 안정하게 하고 통풍환기를 좋게 한다. 양질의 건초 · 목초 · 야
채 등을 준다.

18. 후산 정체(後産停滯)

ⓐ 증   세 분만 후 30분에서 반나절(12시간 정도)이나 지나도 후산이
배출되지 않는다.

ⓑ 원   인 노령 (老齡)분만, 영양불량, 칼슘결핍, 임신중의 운동부족 등
적절하지 못한 사양관리, 난산 등이 원인이다.

ⓒ 치   료 자연배설이 이상적이지만 배설되지 않을 때는 인공배설을
필요로 한다. 인공배설에 있어서는 외음부, 질공, 시술자의 손은 잘 소독해
야 하며 세게 잡아 끌어 내면 자궁탈을 일으키는 수가 있다. 자궁세척도 해
야 하므로 수의사에게 의뢰하는 것이 좋다.

19. 유열 (乳熱 : 産褥痲痺)

ⓐ증   세 분만 후 갑자기 식욕이 전혀 없어지거나 되새김이 멈춰지고 원기가 없어지고 드러눕게 된다. 그리고 마비증상, 혼수상태에 빠진다. 체온은 평균 이하로 떨어지며 혀가 입 밖으로 늘어진다. 혼수상태에 빠졌을 경우는 「산욕마비」라고 한다.

ⓑ원   인 직접원인에 대해서는 여러 학설이 있으나 단일 원인에 의하는 것은 아니다. 그러나 자기중독, 혈당(血糖)이나 칼슘결핍 등은 주된 요인이다.

여기에 비유능력이 높고 분만 전에 농후사료를 많이 주어 영양이 좋은 어미 염소나, 사산(死産) 또는 분만 후 새끼 염소의 급사 등의 이유로 인해 젖짜기를 잊었을 경우, 또는 최고의 비유량을 내고 있을 경우 등에 의하여 발병한다.

ⓒ치   료 즉시 수의사의 유방송풍(乳房送風) 치료를 받을 필요가 있다. 유방송풍을 시도한 뒤에 체온이 오르고 피부의 온도가 높아지면 회복의 징후이지만 아직 불충분하기 때문에 일어서려고 하다가 쓰러지는 수가 있으므로 주의가 필요하다.

20. 유방염(乳房炎)

ⓐ증   세

ⅰ) 간질성(間質性) 유방염은 주로 유방의 손상에서 세균이 침입하여 유방조직의 간질(間質)에 염증이 만연된 것으로 유방은 열통(熱痛)을 일으켜 부어서 체온도 오른다. 유질에도 변화가 수반되면 실질성 유방염이다.

ⅱ) 카타르성 유방염은 졸렬한 착유방법, 바깥 기온감작(氣溫感作)에 의해 유즙이 분해해서 이루어진 유산(乳酸)과 침입한 세균독소의 자극이 장해로 되어 유방염이 되는 경우 등으로 처음에는 유즙의 양이 줄고 연한 물처럼 된다.

병세가 진행되면 유방이 단단하고 붉게 붓고 뜨겁고 아픔이 수반된다.

이밖에 원인이 된 세균에 의해 「연쇄상구균성(連鎖狀球菌性)」으로, 괴저(壞疽)를 일으킨 것은 「괴저성」으로 구분되어 있으나 어느 것이나 증세는 대체로 전술한바와 같다.

ⓑ 원   인 산전의 농후사료의 과다급여, 운동부족, 착유방법의 졸렬, 유방의 손상, 착유자의 손의 불결, 염소사의 청소불량, 깔짚이 잦아서 불결해진 것 등으로 인해 젖꼭지 또는 유방의 상처를 입은 부위에서 세균이 침입했을 경우 등이 주된 원인이다.

ⓒ 치   료 약물주입과 병행하여 간호할 필요가 있으므로 수의사의 진료와 지시를 따르는 것이 안전하다. 특히 초기의 것에는 냉찜질, 시일이 경과한 것은 뜨거운 찜질을 한다.

착유, 약제도포, 맛사지, 약물주입 등 유방염의 내용에 따라서 달라진다.

21. 산욕열 (産褥熱)

ⓐ 원인·증세 출산 후의 후유증으로 자궁이나 산도에 상처를 입고 그 상처에 세균이 침입·번식하여 생기는 것이다.

난산이 아니고 순산인 경우에도 출산시 기계적인 손상으로 점막손상이나 혹은 만수배출시 손이나 소톱으로 상처를 입는 경우도 있다.

또한 소독이 불완전한 기구 등의 삽입으로 일어날 수 도 있다.

증세가 가벼워서 바로 쾌유되는 수도 있지만 전신적으로 나타나는 것을 산욕열이라 한다. 발병하면 체온이 41~42℃ 정도로 급속히 오르고 온몸을 떨며 호흡이 빨라지고 맥박이 약해진다.

또 식욕이 떨어지고 되새김질을 하지 않으며 비유량도 저하된다. 때로는 적갈색 피부를 나타내며 관절의 증대 및 화농을 유발시킨다.

ⓑ 치   료 따뜻한 물이나 소금물 또는 붕산수 등으로 산도를 씻어 주고 자극성이 약한 소독액을 주입한다. 해열에는 아스피린과 같은 해열제를 쓴다.

강심제로는 요도칼리, 디기칼리스정기 등을 쓰며 사료관리와 간호에 유의하여 체력유지에 힘써야 한다.

완전히 회복되어도 비유능력이 나빠져 사육목적에 해로우며 출산시 세심한 주의로 조산을 해서 예방하는 것이 바람직하다. 그러나 중병에 속하므로 수의사의 전문치료를 받는 것이 이상적이다.

22. 요석증(尿石症)

수컷에서 많이 보이며 오줌의 배출이 장해되는 병으로서 2차적으로 요독증(尿毒症) 등의 다른 병이 병발한다.

ⓐ 증   세 결석이 되는 장소에 따라서 방광결석(膀胱結石), 요도결석, 신장결석이라 일컬어진다. 결석은 모래알 모양에서 잔돌 크기에 이르기까지 가지 가지이다.

방광이나 요도에 생긴 결석에서는 배뇨가 어려워지고 배뇨시의 아픔, 오줌이 항상 흘러 나오는 상태, 피오줌 등의 증상이 나타난다. 오줌이 잘 나오지 않는 경상의 것 중에는 요독증을 병발하여 죽는 경우도 있다.

음모의 선단 부분에 모래알 모양의 작은 결석이 붙어 있으므로 잘 관찰하면 진단의 도움이 되는 수가 있다.

ⓑ **치료와 예방** 물을 충분히 먹인다. 비타민 A의 투여를 시작하며 사양법의 개선을 도모한다. 치료는 외과수술에 의한 결석의 제거 등 수의사의 전문치료에 맡기지 않으면 안 된다.

23. 각막염(角膜炎)

ⓐ **증 세** 눈알(각막)이 허옇게 흐려지며 결막이 충혈된다. 빛에 눈이 부시어지며 눈물이 나온다. 또 눈꺼풀이 붓고 항상 눈꺼풀이 닿는 등 증상의 경중에 따라서 다르다.

ⓒ **치 료** 수의사의 진료에 맡기지 않으면 안 된다.

24. 골연증 (骨軟症)·꼽추병

가축 체내의 칼슘의 약 99%, 인의 약 80%는 뼈와 치아 속에 포함되어 있다. 양자 모두 혈장(血奬)속에 있어 동물이 살아가기 위한 영양상 중요한 것이다.

칼슘과 인은 체내에서 일정한 균형을 유지하면 일체로 되어서 작용하지만 균형이 허물어지면 반대로 탈회(脫灰)현상이 일어난다. 양자가 적절히 이용되기 위해서는 비타민 B가 커다란 역할을 달성하고 있다.

ⓐ **증 세** 관절통, 배요통(背腰痛), 뼈끝의 변형과 종창(腫脹), 절름발이, 소화기장해, 이물(異物)을 좋아하거나 영양의 저하, 여윔, 설사, 빈혈 등을 볼 수 있다.

일반적으로 성축(成畜)에 발생하는 것을 골연증(골연화증, 골나약증, 양자 혼합형), 발육 중의 어린 가축에 발생하는 것을 꼽추병으로 대별하고 있다.

ⓑ 원   인

ⅰ) 일반적으로 조사료 중에는 칼슘이 많고 인이 적다. 한편, 농후사료 속에는 칼슘이 적고 인이 많다. 이들 영양소의 불균형이 계속되면 뼈의 영양장해의 증상을 일으킨다.

ⅱ) 주로 저(低)칼슘, 고(高)인에 의해 뼈에서의 탈회현상이 나타난다.

ⅲ) 비타민 D의 부족.

ⅵ) 자외선조사(일광욕) 부족, 운동부족.

ⅴ) 겨울부터 봄에 많다.

ⓒ 치   료   원인에 기재한 사항을 검토하여 사양관리의 개선을 함과 동시에 수의사의 진료를 받아 그 지시에 따르는 것이 안전하다. 평소의 사양관리를 잘하여 예방하도록 하는 것이 중요하다.

25. 외상(外傷)·절름발이

염소가 외상을 입거나 밟은 상처, 제관부(蹄冠部)의 염증, 골절 등에 의해 다리를 절 때는 발굽 틈을 잘 씻고 돌, 가시, 유리 파편 등의 이물이 있으면 제거하고 소독한 후 붕대를 감아 깨끗한 관리로 간호하면 1주일 쯤이면 치유된다.

26. 불임증(不姙症)

교배를 시켰으므로 수태되었을 것이라고 생각하였으나 임신하지 않았다는 예가 종종 있다. 특히 염소사육의 초보자로서 불임의 원인을 몰라 어찌 할 바를 모르는 수가 있다.

ⓐ 원   인   보통 염소는 가축 중에서는 수태율이 좋은 가축이지만 암컷은 너무 살이 쪘을 경우나 반대로 영양불량 때문에 현저히 쇠약했을 경우, 늙었을 경우, 양성(先天的)일 경우, 수컷이 선천적으로 무정(無情)일 경우, 생식기의 발달불충분일 경우, 수컷의 과도한 교배공용의 경우, 불완전한 교배의 경우 등이 일반적인 원인이다.

ⓑ 치   료   수의사에게 보여 자궁내막염, 질염, 선천성 자궁경관부 폐쇄의 유무 등을 확인함과 동시에 사료와 그 급여에 대해 상의하며 영양, 비타민 E의 결핍유무 등 사양관리상 필요한 개선을 하지 않으면 안된다. 생식기의 병이라면 수의사에 의해 약물치료를 받는 것이 안전하다.

27. 기생충병 (寄生蟲病)

(1) 간질(肝姪)

간장의 담관에 기생하는 기생충병으로서 만성 간담관염을 일으킨다. 이 기생충의 길이는 10~30mm로 몸이 평탄하다.

완전한 구충제는 없으나 많은 연구로 감염경로 등을 파악하여 특효약이 곧 나오게 될 전망이다.

예방으로는 부근의 물에 불순물이 있는가를 조사하고 또 가축에 기생 유무를 조사 확인한 후 대책을 강구하는 것이 좋다.

중간숙주인 다슬기류가 부근 냇물에 있으면 그 물을 먹이지 말아야 한다. 그 일대의 목초도 먹이지 말고 그 일대에 방목도 하지 말아야 한다. 만일 간질기생충이 있을때는 시중에 특효약이 있으므로 쉽게 구입하여 이용할

250

수 있다.

(2) 촌충 (寸蟲)

크기는 1~5cm나 되며 많이 기생하는 예도 있다. 그 절편(切片)이 장(腸) 속에서 발견되며 해부하면 창자에서 적지 않게 발견된다.

근래에 나온 특효약으로는 "브롬수소산아패콘"이 있지만 아직은 보편적으로 사용되고 있지는 않다.

예방으로는 기생충의 알이 있다고 생각되는 배분은 완전히 발효·부패시킨 후에 사용하거나 비료로 사용하지 않는 것이 좋다.

(3) 장결절충, 염전위충, 모양선충

특히 새끼 염소에 피해가 심하며 대부분 염소에 기생번식한다.

어미 염소는 이 기생충의 기생으로 죽는 일은 극히 드물지만 이유기의 새끼 염소는 발육이 극히 부진하며 심한 경우에는 죽기도 한다.

치료시 이용되는 약으로는 유산동액이나 훼노미치아진 등이 동시에 이용된다.

사용시 18시간 정도 사료 급여를 중단한 후 1% 유산동액을 체격의 차이에 따라 25~60cc 가량 급여한다. 다음에는 훼노마치아진을 체중 3.75kg에 대해 1.2g의 기준으로 쓰고 밀기울을 5배로 해서 혼합 급여하면 효과가 좋다.

28. 근경변증 (筋硬變症)

일부 지방에서 흔히 발생하는 구간근(軀幹筋) 및 심근(心筋)의 변성경화를 특징으로 하는 어린 염소의 특수 질병으로 그 피해도 크다.

ⓐ 원 인 어미 염소의 영양장해에 의한 것이라는 학설과 비타민 E의

결핍에 의한다는 학설, 또는 추위와 밀접한 관계를 가지고 있다는 주장 등이 있으나 정확한 원인은 아직 밝혀지지 않았다.

ⓑ **발생대상** 3~4월 경에 발생하는 것이 많으나 일부 지방에서는 여름에 발생하기도 한다.

어린 염소에 많이 걸리며 생후 5일 째에 발생하는 예도 있으나 1개월 전후의 것이 제일 많다.

4개월 이후에 발생하는 것은 적으나 때로는 큰 염소에도 발생한다. 대체로 영양은 나쁘다.

ⓒ **증　상** 운동장해를 특징으로 한다. 다리 근육 등, 견갑의 모든 근육은 긴장감이 강하고 위축된다.

운동장해는 일반적으로 뒷다리부터 시작하여 앞다리에 이르게 되나 반대로 앞다리부터 뒷다리에 미치는 것도 있다.

ⓓ **경과 및 후유증** 가벼운 증세는 2~3주일 후에 치유되나 중한 증세는 거의 죽게 된다.

경과일수는 평균 10일 정도이며 폐렴이나 위·장카타르등을 병발하면 후유증이 좋지 않다.

ⓔ **해부 결과** 심근 및 구간근에 무늬 모양 또는 선 모양의 회백색으로 변한 발병 부분을 알 수 있다.

뒷몸의 모든 근육이 침해되기 쉬우나 앞다리, 가슴과 복부 등에도 침해된다.

ⓕ **치　료** 정확한 원인이 밝혀지지 안흔 한 적당한 치료법이 없어 증세에 대응한 치료를 하는데 지나지 않는다.

29. 대사 장해(代謝障害 : Ketosis)

염소가 건전하게 발육하여 증식하려면 각 영양소의 필요량이 사료에 적당히 포함 배합되어야 한다.

발육 과정 중의 어린 염소, 임신, 분만할 때 등 각기 영양소의 필요량이 다르기는 하지만 합리적인 사육을 하지 않으면 체내의 영양불균형과 대사 장해를 일으켜 질병이 발생하여 여러 가지 병이 나타난다.

임신병, 임신중독, 쌍자병, 쌍태병, 케톤뇨증, 산마비, 산전 산후 마비, 아세톤뇨증 등으로 일컬어지는 질병과 동일한 것으로 탄수화물과 지방의 대사 이상에 의해 케톤체가 이상 축적되어 중독증상을 나타낼 때의 상태를 말한다.

사양관리를 적절히 하지 못한 여러 가지 스트레스에 의해 일어나는 것으로 염소 사육자로서는 가장 주의해야 할 질병의 하나이다.

ⓐ **발증의 모양** 케토시스는 분만 전후에 발증하는 것이 많고 분만 예정일 3~4주일 전부터 발증한다.

초산하는 것은 발병하는 것이 적고 4~5산 이후의 것이 많다. 또한 단태보다 쌍태 또는 3태일 때에 많이 발증하며 단태인 경우에는 태아가 큰 것이 보통이다.

영양이 좋은 것에 비교적 많이 나타나나 영양불량인 것에도 양극란을 이루는 것에게 걸리기 쉽다.

ⓑ **증 상** 특징은 사육감퇴 내지 폐렴, 영양 저하, 변비 또는 설사, 걷는 모양이 불안한 것, 또는 일어서지 못하는 것, 가벼운 신경증상을 동반하는 것도 있으나 그 비율은 5% 전후이다.

호흡기의 증상은 이들 증상에 비해 다소 특이하다. 호흡음이 예리해지고 보조 호흡근의 긴장, 청진상의 염발음(捻發音), 수포음(水泡音) 등을 들 수 있다. 호흡 곤란 증상을 나타내며 호흡에 아세톤 냄새를 풍기는 것도 있다.

ⓒ **경과 및 후유증** 염소는 증세가 발생한 후 2~3일만에 쓸어지게 되고 치유되지 못하는 것이 많다. 자연 치유는 거의 이루어지지 않는다.

ⓓ **진　단** 핏속이나 오줌 속에 케톤체가 증량되어 있는것과 발증 상태, 임상 증상 등에 의해 진단이 가능하다.

ⓔ **치　료** 염소의 케토시스는 소의 경우와 달라 치료효과를 확실히 기대할 수 있는 것은 현재까지 알려져 있지 않다. 그러나 소의 경우와는 달리 신상체 피질 계통의 홀몬 ACTH, 인슐린, 유기산 등을 투여한다. 당류를 병용하는 것은 주의해야 하며 그 밖에 대중요법을 실시한다.

ⓕ **예　방** 치료 후의 경과가 나쁜 것이 많은 만큼 발증하지 않도록 알맞게 사료를 배합하고 특히 겨울에 당질물질을 많이 주는 것은 삼가한다.

30. 약을 먹이는 법

염소에 한하지 않고 가축은 약을 먹는 것을 싫어하는 것이다. 또한 약을 먹이는 안전한 투약기구도 염소에게는 없기 때문에 조심하지 않으면 「오염성폐렴」을 일으켜 죽이는 수까지 있다. 초보자는 수의사니 경헌자의 지도를 받지 않으면 실패가 많다. 일반적으로는 사이다병이나 쥬스병이 이용된다.

즉 한 손으로 염소의 머리를 고정하고 또 한 손으로 병을 염소의 입옆(口角)으로 살며시 밀어 넣고 소량씩 조용히 흘러 넣게 해서 먹인다. 이때 염소의 머리를 한 쪽 손으로 고정하지만 콧등을 수평보다 약간 올리는 정도로 하고 너무 올리면 실패한다. 그 정도가 매우 중요하다.

제10장 생산물의 이용

1. 염 소 젖

염소젖은 지방구가 작고 또한 그 성분도 사람젖과 비슷하며 영양원으로는 단백질, 탄수화물, 광물질, 비타민 등 여러 가지 영양소의 배합이 이상적으로 되어 있다. 또 소화흡수되기가 쉬워 어린이나 환자용 영양식품으로 많이 이용할만 하다.

염소젖은 그 취급방법에 따라서 독특한 냄새가 나는데 이것은 휘발성 지방산 때문이다. 염소젖의 지방에는 발레린산·이소발레린산과 카프린산·카프릴린산 등이 있기 때문이다.

이 냄새를 없애는 가장 간단한 방법은 염소젖을 끓임으로써 제거할 수도 있지만 확실성 있게 하려면 공기를 넣어 환기하거나 증기를 10~30분 동안 통하게 하면 된다.

염소젖은 영양적으로 매우 우수하다. 이 염소젖은 생산량이 많지 않아 우유만큼 생식용으로나 가공용으로 적게 쓰일 뿐으로 그 이용가치는 우유에 비해 오히려 더 좋은 것이 사실이다.

(1) 염소젖과 우유

염소젖에 한하지 않고 젖의 성분은 일반적으로 비유량이 많을 때는 연하고 비유 말기에는 농후하게 된다. 또 착유초에는 연하고 마지막에는 짙어진다.

또한 농후사료를 급여 중에는 성분이 농후하지만 청초와 같이 수분이 많은 것을 주면 연하게 된다. 건초를 주면 짙어진다. 겨울에는 농후하지만 여름에는 연하여진다. 또 늙거나 어린 염소의 젖은 고형분이 적지만 3~5산의 암컷은 가장 많다.

염소젖은 우리 나라에서는 생유 외에의 이용은 아직 적으나 구미 제국에서는 일반가정에서 여러 가지로 가공하고 있다. 연유, 버터, 치이즈, 유과(乳果)의 외에 병아리의 육추, 애완동물, 치어(稚魚)의 육성 등 넓은 범위에 이용되고 있다.

염소젖의 우수성을 다른 젖과 비교해 보면 다음표와 같다.

① 제 1분석　　　　　　　〈염소젖의 성분비교〉

	수　분	단　백　질		지　방	유　당	회　분
		카제인	아르부민			
염 소 젖	80.28	4.97	1.55	6.86	4.91	0.89
우　　유	87.27	3.02	0.52	3.64	4.88	0.71
사 람 젖	87.41	1.03	1.26	3.78	6.21	0.31

② 제 2분석

	수　분	지　방	건락소 (乾酪素)	단　백	유　당	회　분
염 소 젖	85.80	4.50	3.80	1.20	4.00	0.70
우　　유	27.27	3.68	2.88	0.51	4.94	0.72
사 람 젖	87.41	3.78	1.03	1.26	6.27	0.31

③ 제 3분석

	비 중	수 분	고형물	단백질	지방	유당	회분
염소젖①	1,036	82.58	17.42	4.55	6.24	5.35	1.00
염소적②	1,035	83.27	16.73	4.80	6.44	4.67	0.82
우유 183 총 평균	1,031	88.24	11.76	3.10	3.54	4.83	0.76

위의 표에서 염소젖의 비중과 수분이 우유보다 진하다는 것을 알 수 있다. 또 단백질, 지방 등의 함유량이 높다는 것도 알 수 있다.

염소젖이 우유보다 좋은 이유를 들면 다음과 같다.

ⓐ 염소젖은 결핵균이 전혀 없으므로 생유라도 안심하고 먹을 수 있다.

ⓑ 당분의 영양소가 우유보다 높으며 그 조성이 사람젖과 가장 가깝다.

ⓒ 특히 지방의 고형물질이 적어 소화흡수가 잘 된다.

(2) 염소젖에 의한 아기 기르기

ⓐ **생후 1개월까지** 염소젖 1홉에 설탕 2순갈을 혼합하여 1일 6회를 준다. 1회의 분량은 생후 1주일까지는 20~70cc, 그후는 90~120cc로 하며 농도는 유아의 식욕, 모유를 참작해서 다소 가감한다.

ⓑ **생후 1~6개월** 3개월 후는 설탕 외에 밥물, 미숫가루 등을 약간 가한다. 물 100cc+미숫가루 큰 순갈 하나로 잘 끓인 물을 섞어 2배량의 염소젖을 넣고 설탕을 가한다. 1회에 160~200cc 급여하고 1일 5회 준다

ⓒ **6개월 이후** 6개월 이후에는 염소젖만 먹이는 것이 좋다. 염소젖 1홉 (180cc)에 미숫가루 한 순갈, 설탕 2순갈을 가하여 잘 끓여서 먹인다. 그러나 식욕과 체중에 따라 가감한다.

비타민 A, 비타민 C등을 보충하기 위해 간유, 과즙을 적당히 가하면 좋다.

이유기 이후는 밥, 미음, 빵, 염소젖, 야채, 된장, 계란 등을 소화능력이 있는 대로 준다.

실제로 우유로는 발육이 좋지 못한 유아에게 염소젖을 먹여서 곧 건강을 회복하였다는 실례가 많다.

(3) 비타민과 광물질

비타민과 광물질에 있어서도 염소젖은 우유보다 우수하다는 것이 학자들에 의해 판명되었다.

〈비타민 함유량〉

	비타민A(lu)	비타민B₁(mg)	비타민B₁(mg)	비타민C(mg)
염 소 젖	110	0.04	0.14	1
우 유	80	0.04	0.15	2

위의 표에서 보면 비타민 A는 우유의 약 1.5배나 많고 비타민 B2는 거의 같으며 C는 약간 적다.

〈염소젖의 무기물 함량 비교〉

구 분	우 유	염 소 젖
철	0.42 ~ 2.40	0.44 ~ 2.6
알 루 미 늄	0.66 ~ 2.48	
망 간	0.22 ~ 0.37	
동	0.20 ~ 1.40	0.20 ~ 1.90
아 연	0.50 ~ 5.18	1.20 ~ 9.50
요 오 드	0.01 ~ 0.10	0.10 ~

(4) 염소젖과 결핵균

영국에서 결핵감염 여부를 조사한 결과 염소 30마리 중, 결핵에 걸린 것은 한 마리도 없었다고 한다. 그러므로 염소젖은 멸균할 필요조차 없겠다.

실제로 염소젖은 생유를 그대로 먹는 사람이 많다. 이것은 오히려 우유보다 소화가 더 잘 되고 영양가도 높다.

(5) 염소젖의 맛

앞에서 기술한 바와 같이 염소젖은 영양가가 굉장히 높고 그 조직이 우유보다 사람젖에 가깝고 소화흡수가 극히 잘 되는 동시에 결핵균이 전혀 없는 것이 특징이라 하겠다.

염소젖의 풍미에 있어서도 개체에 따라 다소 다르나 미국의 농사시험장에서 염소젖과 우유의 기호조사를 하였더니 그중 과반수가 염소젖이 좋다고 하였다는 것이다.

또 일본에서도 이와 같은 비교 시험을 한 결과 염소젖을 좋아하는 사람이 더 많았다고 한다.

(6) 염소젖의 선택과 식별(외관검사)

ⓐ 염소젖을 담은 병 밑바닥에 먼지 같은 것이 가라 앉아 있는 것은 깨끗한 젖이라 할 수 없다.

ⓑ 병 속에 이상이 없어도 이것을 끓일 때 굳어지거나 끈적하게 진해지는 것(부패하기 시작하거나 병을 씻을 때 이용한 알칼리가 남아 있은 것)은 좋지 않다.

ⓒ 갈색으로 착색된 것은 살균을 위한 가열이 지나쳐서 유당이 변했기 때문이다. 이것은 영양가의 저하가 심하다.

이밖에 어떤 빛으로도 착색된 것은 좋지 않다.

ⓓ 좋은 젖은 단맛이 약간 있고 고유의 향기가 난다. 산미나 쓴맛이 있

어서는 안된다.

또 썩은 냄새나 다른 냄새가 나서는 안된다.

〈신선로 시험법〉

ⓐ **알코올법** 젖 2cc를 시험관에 넣고 여기에 68%의 알코올을 같은 양을 넣어 흔든 다음 액체의 색깔과 응고물의 생성을 살펴 본다.

산도가 많을 수록 오래 된 것이며 산도의 다소에 의해 색깔이 달라진다.

ⓑ **살균온도의 점검** 젖 5cc를 받아 여기에 황산마그네슘액(황산마그네슘 45g을 물에 녹여서 100cc로 한 것) 100cc 및 벤디딘 용액(벤디딘 0.4g을 96% 알코올 10cc에 녹인 것) 0.5cc를 넣고 다시 1% 산화수소 한 방울을 넣고 잘 섞는다.

고온살균유는 오랫 동안 회백색을 유지하지만 생유는 곧 심청색을 띤다 (염소젖은 저온살균해야 한다.

ⓒ **이물질 첨가여부**

ⅰ) 물을 탔을 때의 비중을 재어 1.028이하이면 가수 즉물을 부어 넣은 것으로 본다.

또 지하수는 초산을 함유하나 젖에는 없으므로 초산의 적성반응을 이용하여 판정할 수도 있다.

젖 약 50~100cc에 염화칼슘의 진한 용액을 넣어 가열 응고시킨 다음, 그 뒤에 있는 맑은 액을 디훼닐 아민황산(물 15cc, 진한 황산 5cc, 디훼닐 아민 20mg) 2cc 속에 몇 방울 떨어뜨려 천천히 혼합시키면 초산이온이 있다면(물을 섞었다면)남색을 띤다.

ⅱ) 즙을 섞을 경우 쌀뜨물을 섞은 것은 옥도정기를 넣어 보면 전부 적색 반응을 나타낸다.

ⅲ) 가짜 염소젖의 검사 염소젖이 우유보다 값이 비싸기 때문에 우유를

염소젖에 섞어서 파는 일이 있다.

이를 알아내기 위한 방법으로는 젖 20cc를 시험관에 넣어 25% 암모니아 수 2cc를 가하여 잘 휘젖고 50℃에 30분 동안 둔다.

우유가 섞인 것은 윗면에 연한 등황색의 지방층이 생기나 순 염소젖이라면 지방층이 생기지 않는다.

또 우유를 섞은 정도에 따라서 지방층의 생성 정도도 달라진다. 이밖에 분유를 섞을 수도 있는데 이것도 대부분 우유를 이용하게 되므로 이 방법을 준해서 시험하면 된다.

만일 탈지유를 섞었다면 현미경으로 보아 카제인 응고의 모양이 다르므로 곧 알 수가 있다.

(7) 염소젖 취급의 주의점

ⓐ 햇빛이 쬐이는 곳에 두지 말것.

ⓑ 먹을 때 병뚜껑이나 기타의 외부를 깨끗이 씻은 다음 먹을 것.

ⓒ 배달과 동시에 빨리 마시는 것이 좋다.

오래 두면 둘 수록 영양가와 풍미를 잃게 된다. 배달된 것은 살균이 된 것이므로 그대로 마셔도 된다. 배달된 것이 차거울 때 따뜻한 것을 원한다면 63℃정도의 더운 물에 병을 약 10분 정도 담그어 두었다가 먹으면 된다.

ⓓ 염소젖을 오래 두어야 할 때는 차가운 곳에 저장하고 그 온도는 10℃ 이하로 저장하면 이상적이다. 손쉽게 냉장고에 넣어 두면 가장 좋지만 그렇지 못할 경우 우물안에 매달아 놓거나 얼음물에 담그어 두는 것이 좋다.

2. 염소고기

(1) 도살(屠殺) 준비

도살하기 24시간 전에는 물은 주어도 사료는 주지 않는다. 이렇게 하면 가죽과 육질의 정화가 좋아진다. 털이 너무 길면 미리 깎아 주는 것이 좋다.

각종 고기의 영양가를 비교해 보면 다음 표와 같다.

〈염소고기의 영양가 비교〉 (단위 : %)

	수 분	단백질	지방질
염소고기	75.76	19.77	3.01
면양고기	75.96	18.11	5.77
소(상) 고기	54.90	21.80	5.00
소(우) 고기	73.56	21.70	4.74
돼지고기	59.98	17.20	22.07

(2) 도 살

도살하는 방법에는 여러 가지가 있으나 대체로 2가지로 분류한다.

이마를 강타하여 혼돈시키는 방법과 목의 동맥을 절단하여 도살하는 출혈방법이 그것이다.

혼돈시키는 방법으로 도살하였을 때는 즉시 목의 동맥을 절단하여 피를 빼야 육질도 좋고 부패가 빨라지는 것을 막을 수 있다.

이러한 2가지 방법이 있으나 역시 후자의 방법이 적당 하다고 하겠다.

후자의 방법으로 목의 동맥을 절단하면 피가 많이 흘러 나온다. 이때 그릇을 받쳐 피를 받아 이용하며 모피를 이용하려 할 때는 모피에 피가 묻지 않도록 잘 해야 한다.

피를 받아서 그대로 방치하면 응고되므로 막대로 잘 저으면 섬유질은 한쪽으로 집결되고 나머지는 응고되지 않고 액체 상태로 보존할 수가 있다.

(3) 껍질 벗기기

피가 나오고 완전히 죽은 다음에는 껍질을 벗긴다. 벗기기 위해서는 먼저 턱의 가운데 선을 따라 항문까지 자른 뒤 좌우로 벗겨 나간다.

껍질을 벗길 때는 가급적이면 근육이나 지방이 붙지 않도록 해야 껍질처리에 편리하다. 턱에서 항문까지 자를때 복부를 너무 깊게 자르면 내장이 튀어 나와 박피하는데 불편을 느끼게 되므로 알맞게 자른다. 그리고 그냥 벗겨지는데는 손으로 벗겨나가고 그렇지 않은 곳은 칼로 벗긴다.

머리를 벗기지 않은채 턱 부분에서 자른다. 앞다리나 뒷다리도 관절 부분까지만 벗긴다. 유방이나 항문 등은 주위를 둥글게 벗겨 낸다. 이렇게 한 쪽이 끝나면 나머지 한쪽을 벗겨 낸다.

(4) 내장 들어내기

껍질을 완전히 벗겨 내면 몸통을 깨끗이 씻은 다음 깨끗한 곳에 올려 놓고 내장을 들어낸다.

먼저 머리는 턱 바로 뒤의 제 1경부에서 끊어 버리고 앞다리와 뒷다리 모두 관절 부분에서 자른다. 자른 다음 복부의 한가운데를 따라 절개한다.

창자 기타의 내장은 터지지 않게 주의하며 음부나 항문은 도려 낸다. 위장은 먼저 들어내면서 여기에 따른 식도 항문, 직장 등도 차례로 끄집어 낸다. 이어서 간장, 기타의 내장들을 들어 낸다.

간장을 들어낼 때는 안쪽에 붙어 있는 담낭이 터지지 않도록 주의하며 담낭을 잘 제거해야 한다.

다음에는 횡막을 찢고 가슴뼈를 크게 벌린 다음 허파를 끄집어 낸다. 콩

팥은 그대로 두고 피로 더렵혀진 부분을 깨끗이 씻어 낸다.

〈염소의 지육률〉

생 후 령	도살전 체중(kg)	지 육 양(kg)	비율(%)	정 육 양(kg)	비율(%)	내장(g)		지방(g)
2월	8.6	4.13	46.3	2,625	30.2	0	0	2
4월	15.4	5.63	35.6	3,375	22.9	0	0	8
6월	19.1	7.13	36.8	4,500	25.5	0	0	8
8월	23.6	9.75	41.3	6,750	28.9	8	0	590
10월	56.3	3.38	38.0	15.750	28.3	15.0		450

(5) 해　체 (각뜨기)

마지막으로 몸통을 꺼꾸로 매달고 위에서부터 아래로, 즉 미추골에서 척추로 자른다. 앞뒷다리는 힘있게 밖으로 눌러 가랑이를 넓히면서 자른다. 뒷다리는 넓적다리 뼈에서 엉덩이 고기를 붙여서 자르는 것이 보통이다. 나머지는 뼈에서 살을 골라 내면 되는데 살점이 조각나지 않도록 잘 해야 한다.

동 쪽은 정중선을 따라 자르고 늑골은 위 쪽에서 벗겨내도록 한다. 맛있는 고기는 이 늑골 사이에 붙어 있으므로 좌우를 깎아내면서 가늘고 긴 고기를 하나하나 골라 낸다.

(6) 고기의 이용

염소고기는 대체로 지방이 적으며 냄새가 조금 난다. 특히 수컷은 냄새가 많이 난다. 그러나 어린 염소는 영양적 가치가 놓고 소화율이 좋아 유럽 사람들은 고기의 냄새를 알고 즐기는 경향이 많다.

우리 나라에서는 예로부터 허약자의 영양보충제로 염소탕이라 해서 많이 이용되고 있다. 또 염소를 고와 염소술을 만들어 보양제로 널리 쓰여지기도 한다.

이러한 염소는 유산양 즉 개량종 염소가 아니고 우리나라 재래종인 흑염소를 이용하는 것이 보통이다. 고기를 삶을 때 뽕나무 잎이나 뿌리를 넣고 삶으면 냄새가 나지 않는다.

〈염소고기를 이용한 요리의 종류〉

거세, 비육된 염소고기는 냄새에 대해 걱정할 필요가 없으나 그렇지 않은 것은 향취가 강한 파나 마늘, 양파, 파슬리, 당근, 샐러리 등을 이용하여 냄새를 없애야 한다.

ⓐ **징기스칸 요리** 구워서 먹는 것으로 남비나 석쇠 등은 독특한 것을 쓴다.

재료는 간장, 술, 설탕, 생강, 마늘, 사과 또는 감귤의 과즙 등 이렇나 재료로 맛을 맞추고 고기를 1~2시간 재어두었다가 구워 먹는다. 남비 둘레에는 파, 미나리, 샐러리 등을 놓는다.

ⓑ **코오카서스 요리** 징기스칸보다 고기를 두껍고 크게 잘라 하루전에 소금, 설탕, 양파, 당근, 레몬이나 감귤 따위에 재어 두었다가 긴 철사에 꿰어 큰 화로나 모닥불로 구워 먹는 요리로서 징기스칸보다 특이한 향취와 맛이 있다.

ⓒ **중국 요리** 유래는 한민족이 조상의 제사, 혼사, 흉사 때 다른 가축과 함께 염소를 도살하여 통채로 삶아 털을 뽑고 내장을 들어내어 쓰는 것을 말한다.

중국 대륙의 남부 일대나 오끼나와에는 아직도 이 풍습이 전개되고 있다고 한다. 염소고기의 중국식 요리법에는 다음과 같은 방법이 있다고 한다.

ⓓ **홍소 양육** 염소고기 200g, 파 50g, 생강 10g, 간장, 마늘, 모향, 정향 등

이다.

만드는 법은 염소고기를 잘게 썰어 소량의 돼지기름과 소금을 쳐서 남비에 넣어 굽는다. 위의 재료와 향료를 넣고 고기가 연하게 익을 때까지 잘 볶는다.

ⓔ **백절 양육** 염소고기(상육) 한 덩어리, 파 100~200g, 잘 만든 초장을 재료로 한다.

요리법은 고기를 끓는 수우프 속에 넣고 잘 삶아 익힌뒤 얇게 썰어 초장에 담그어 파와 섞어 먹는다.

3. 모피(毛皮)와 털

캐시미어종 앙고라종 등의 모용종 염소를 제외하고는 유용종 염소의 털이나 모피는 고작 브러시, 붓, 방한복, 방석 등의 재료로 쓰일 뿐이다. 그러나 모용종의 털은 특수한 직물의 원료로 쓰여진다.

모피는 털이 억세어 좋은 편은 못되나 털이 붙어 있으면 가죽이 질기므로 방한복 등에 이용된다.

(1) 모피 다루기

생피(生皮)의 처리 먼저 기름이나 결체조직, 피, 핏줄 그밖에 더러운 불량한 물질을 떼어 버린다.

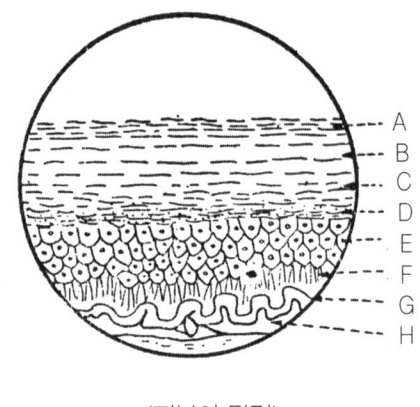

〈피부의 단면〉

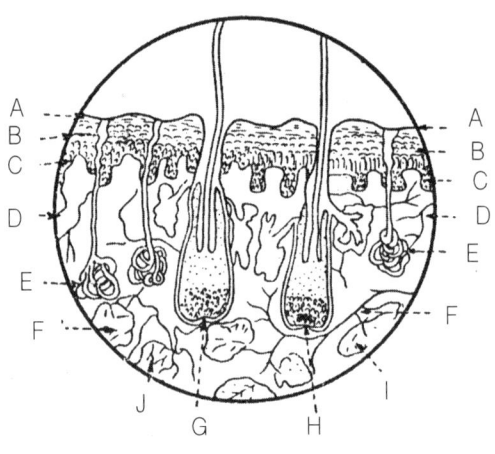

〈털이 있는 피부의 단면〉

용구는 안쪽에 붙은 기름기나 핏줄 같은 것을 제거하는데 필요한 굽은 칼이나 반달판이 있어야 한다.

이러한 작업은 그리 간단하게 되지는 않으나 숙련되면 1~2시간 동안에 깨끗이 끝낼 수 있다.

이런 용구가 없을 경우에는 깨끗한 판자에 못을 박고 뒤집어 말려서 건피로 저장해도 된다.

기름 빼기 건피(乾皮)는 물에 담그어 불린 후에 기름을 뺀다. 작업은 비눗물이나 양잿물에 잘 씻어 비눗물의 거품이 없어질 대에는 다시 비눗물을 가하여 몇 번이고 깨끗해질 때까지 충분히 씻어 낸다.

이때 휘발유를 쓰면 완전하고도 빨리 할 수 있지만 휘발유가 많이 든다.

모피 다루기 모피를 다루는데는 여러가지 방법이 있다. 즉 타닌, 백반, 크롬 등의 약품을 이용하여 다루는 법과 훈연법이 있고 몽고지방에서 하는 발효탈지법 등이 있으나 우리는 일반적으로 약품을 이용하는 법을 쓰고 있다.

이러한 목적은 피부의 안쪽 진피층을 남기고 다른 부분은 용해침전시켜서 유연성과 보유성이 있도록 하는데 있다.

이러한 약품을 써서 다루는 방법을 다음에 기술한다.

〈가죽을 펴서 못을 치는 순서〉

약물 담그기 이상의 어느 액체라도 그 액체의 온도에 따라 다루는 시간과 밀접한 관계가 있으므로 온도를 적당히 맞추어야 한다. 액체의 온도는 35~40℃를 유지하는 것이 적당하며 빠른 시간내에 다루어야 한다.

원액이 담긴 통은 가마니나 짚으로 싸서 온도의 변화를 방지하고 모피를 잘 저어서 얼룩이 생기지 않게 해야 하며 될 수 있는대로 온도에 신경을 써야 한다.

다루는 정도의 판정 이렇게 다루기가 진행되면 가죽 부분이 변하여 푸른 색으로 변한다. 이때 끝 부분을 약간잘라 보아 속까지 푸른색으로 물들어 있으면 대체로 다 된 것으로 보아도 된다.

이 조각을 물에 넣고 끓여 보아 오그라들거나 물렁물렁 해지지 않으면 완전히 다 되었다고 볼 수 있다.

그러나 80℃에서 가죽에 변화가 생기지 않았다면 다음 처리시 끓여도 변화가 생기지 않는다.

여름에는 3일 정도, 겨울이면 1주일 정도 지나야 한다.

뒷 손질 이렇게 조작된 모피는 부드러워야 하는데 잘 다루지 못해 딱딱하여지는 수가 있다. 이럴 경우에는 부드럽게 하기 위해 기름을 먹인다.

기름으로는 피마자유 20, 비누(상품) 20~30, 물 1,000의 비율로 섞는데 비누는 물에 깎아 넣고 가열한다. 기름을 넣으면 잘 혼합되지 않는 상태에서 거품이 많이 생긴다.

이것을 가죽면에 골고루 흡족하게 발라 하룻밤 동안 재워 둔다. 염색할 때에는 염색을 먼저하고 기름을 먹여야 한다. 털은 빗이나 솔로 광택을 낸다. 이것은 일반 가정에서도 용이하게 할 수 있다.

(2) 가죽 다루기

염소의 모피는 우수하지는 못하나 가죽은 아주 질기며 부드럽고 연하고

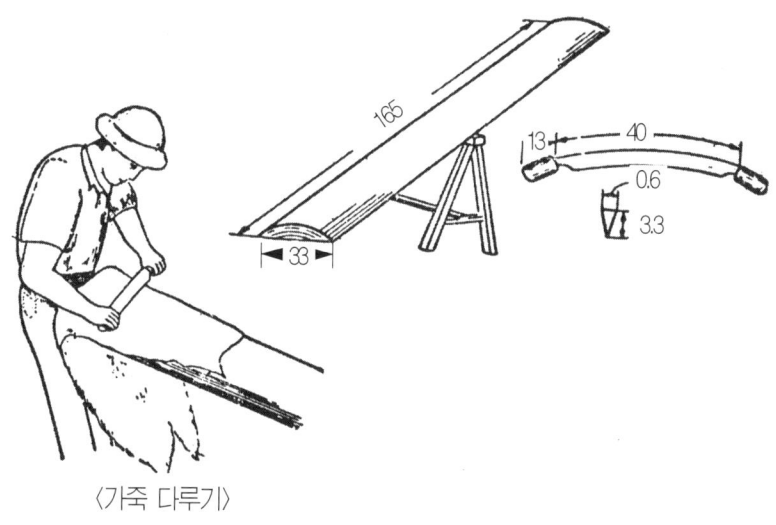

〈가죽 다루기〉

우수한 고급가죽으로 된다.

염소 가죽은 장갑, 혁대, 구두 등 용도가 많다. 새끼염소의 가죽은 옷깃을 만드는데 많이 이용된다.

털 뽑기 10% 내외의 석회수를 쓴다. 석회수에 담그어 놓고 가죽을 이따금 뒤적이면서 며칠 동안 두면 털이 빠진다. 그때 꺼내어 세밀히 검사하여 탈모되지 않은 것은 뽑는다.

탈   피 탈모시에 묻은 회분을 제거하는 작업으로 닭의 계분을 이용하면 좋다. 계분을 물에 빡빡하게 풀어 따뜻한 곳에 3~4일 발효시키며 헝겊으로 걸러 3~4배액으로 희석해서 쓴다.

가죽이 흰 빛으로 되고 손으로 눌러 보아 손자욱이 나면 완료된 셈이다. 신축성을 필요로 할 때는 모로코에서 처럼 개똥을 발효시켜 사용하면 된다. 가죽 다루는 법은 앞의 모피의 경우와 같다.

```
판 권
본 사
소 유
```

흑염소 · 염소

1993년 11월 29일 1판 1쇄 발행
2015년 2월 5일 1판 10쇄 발행

저 자 : 이 원 창
발행인 : 김 중 영
발행처 : 오성출판사

서울시 영등포구 영등포 6가 147-7
TEL : (02) 2635-5667~8
FAX : (02) 835-5550

출판등록 : 1973년 3월 2일 제 13-27호
www.osungbook.com

ISBN 978-89-7336-213-5